应用型本科信息大类专业"十三五"规划教材

嵌入式微处理器
原理与应用

主　编　赵志鹏　韩桂明　王　颖

副主编　欧少敏　梁文斌　张玉伽

华中科技大学出版社
http://www.hustp.com
中国·武汉

内 容 简 介

　　本书从初学者的需求出发,配合高校应用型人才的培养目标,培养嵌入式专业的学生掌握微处理器技术方面的基础知识,以及解决专业领域实际问题的能力,同时本书注重教材的可读性和实用性,以理论讲解结合案例分析和编程实例的方式组织内容,循序渐进,符合读者的认知过程。本书内容全面细致,构架清晰完整,实用性强,特别适合 ARM 的初学者,可作为大中专嵌入式相关专业的教材或供初学者作为参考资料使用。

　　本书可作为高等院校电子信息、计算机、软件、自动化、通信等专业相关课程的教材,还可供从事嵌入式系统研发的工程技术人员参考。

　　为了方便教学,本书还配有电子课件等教学资源包,任课教师和学生可以登录"我们爱读书"网(www.ibook4us.com)注册并浏览,任课教师还可以发邮件至 hustpeiit@163.com 索取。

图书在版编目(CIP)数据

嵌入式微处理器原理与应用/赵志鹏,韩桂明,王颖主编.—武汉:华中科技大学出版社,2019.2
应用型本科信息大类专业"十三五"规划教材
ISBN 978-7-5680-4710-4

Ⅰ.①嵌⋯　Ⅱ.①赵⋯　②韩⋯　③王⋯　Ⅲ.①微处理器-高等学校-教材　Ⅳ.①TP332

中国版本图书馆 CIP 数据核字(2019)第 033596 号

嵌入式微处理器原理与应用
Qianrushi Weichuliqi Yuanli yu Yingyong

赵志鹏　韩桂明　王　颖　主编

策划编辑:康　序
责任编辑:狄宝珠
封面设计:孢　子
责任监印:朱　玢
出版发行:华中科技大学出版社(中国·武汉)　　　电话:(027)81321913
　　　　　武汉市东湖新技术开发区华工科技园　　　邮编:430223
录　　排:武汉三月禾文化传播有限公司
印　　刷:湖北大合印务有限公司
开　　本:787mm×1092mm　1/16
印　　张:13.75
字　　数:350 千字
版　　次:2019 年 2 月第 1 版第 1 次印刷
定　　价:38.00 元

华中出版

前言

嵌入式系统的应用从 20 世纪 90 年代初期到现在,经历了多个发展阶段,其应用领域越来越广泛,已日益渗透到生产生活的方方面面。嵌入式专业无疑是当前最热门的专业方向之一,许多高校相继开设了相关的课程。在教学和科研过程中,我们深刻体会到,无论是硬件板卡电路的设计,或者是应用程序开发,还是驱动程序的开发,都离不开嵌入式微处理器的相关知识,特别是需要从应用角度出发,以某种具体的嵌入式微处理器为教学实例,理论和实践应用相结合的嵌入式微处理器方面的书籍资料,在此背景下,我们编写了这本专门讲述嵌入式微处理器技术的教材。

本书从初学者的需求出发,配合高校应用型人才的培养目标,培养嵌入式专业的学生掌握微处理器技术方面的基础知识,以及解决专业领域实际问题的能力,同时本书注重教材的可读性和实用性,以理论讲解结合案例分析和编程实例的方式组织内容,循序渐进,符合读者的认知过程。本书内容全面细致,构架清晰完整,实用性强,特别适合 ARM 的初学者,可作为大中专嵌入式相关专业的教材或供初学者作为参考资料使用。

ARM 既是一家研发嵌入式处理器的公司的名字,也是一系列嵌入式微处理器内核的名称,其中 ARM9 是 ARM 系列一种应用比较广泛的内核,是 ARM 家族具有典型特性的代表,比较适合有一定计算机基础的初学者学习嵌入式技术。本书以 ARM9 为核心介绍嵌入式微处理器的结构及其典型应用,处理器是基于该内核的 S3C2440,书中涉及的所有实验及程序均可在相应实验平台上进行验证。

全书共 15 章,各章节主要内容如下。

第 1 章:嵌入式系统导论,主要介绍嵌入式系统基本知识。

第 2 章:ARM 微处理器技术,主要介绍了 ARM 体系结构的特点和结构特性,以及常用的 ARM 处理器、微处理器的结构特性,包括微处理器接口。

第 3 章:ARM 微处理器指令系统,介绍 ARM 指令集、Thumb 指令集,以及各类指令对应的寻址方式。

第 4 章:GNU 汇编伪指令集,详细介绍 GNU 汇编器平台所支持的各类伪指令。

第 5 章:ARM 集成开发环境搭建,介绍 ARM 集成开发环境 MDK 的使用。

第 6 章:GPIO 编程,主要介绍 GPIO 相关寄存器功能及其编程应用。

第 7 章:ARM 系统时钟及编程,主要介绍处理器系统时钟的相关知识。

第 8 章:ARM 异常处理及编程,介绍处理器的异常处理及相应编程。

第 9 章:串行通信接口,介绍串行通信相关知识及其收发程序实例。

第 10 章:PWM 定时器,介绍 PWM 定时器和看门狗定时器的用法及其编程。

第 11 章:A/D 转换器,介绍 A/D 转换的方法原理及 S3C2440 A/D 相关寄存器功能及编程实例。

第 12 章:实时时钟 RTC,介绍 2440 实时时钟的基本原理及其寄存器的用法。

第 13 章:I²C 总线,介绍 I²C 总线的相关知识,2440 I²C 总线寄存器及其编程应用。

第 14 章:存储器接口,介绍存储器的基本知识及 S3C2440 存储器相关寄存器及编程知识。

第 15 章:SPI 总线,介绍 SPI 接口协议、2440SPI 接口控制寄存器及其应用编程。

本书由桂林电子科技大学信息科技学院赵志鹏和韩桂明、哈尔滨远东理工学院王颖担任主编,由桂林电子科技大学信息科技学院欧少敏和梁文斌、哈尔滨远东理工学院张玉伽担任副主编。其中第 1~3 章由韩桂明编写,第 4~6 章由欧少敏编写,第 7 章由王颖编写,第 8~10 章由梁文斌编写,第 11~14 章由赵志鹏编写,第 15 章由张玉伽编写。在编写过程中还得到了许多专家和同事的指导帮助,在此表示衷心的感谢!

为了方便教学,本书还配有电子课件等教学资源包,任课教师和学生可以登录"我们爱读书"网(www.ibook4us.com)注册并浏览,任课教师还可以发邮件至 hustpeiit@163.com 索取。

由于时间仓促,编者水平有限,书中难免存在不足及疏漏,欢迎读者批评指正,提出宝贵的意见。

编　者

2018 年 12 月

目录 CONTENTS

第❶章　嵌入式系统导论

嵌入式系统已成为当前最为热门的领域之一,受到了全世界各个方面的广泛关注,越来越多的人开始学习嵌入式系统技术及相应的开发技术。本章将向读者介绍嵌入式系统的基本知识。

本章的主要内容:

● 嵌入式系统的概述。
● 嵌入式系统的主要组成与结构。
● 常见的操作系统举例。
● 嵌入式系统开发方法概述。

1.1　嵌入式系统概述

1.1.1　什么是嵌入式系统

从 20 世纪 70 年代单片机的出现到各式各样的嵌入式微处理器,微控制器的大规模应用,嵌入式系统已经有了近 40 年的发展历史。

嵌入式系统的出现最初是基于单片机的。20 世纪 70 年代单片机的出现,使得汽车、家电、工业机器、通信装置以及成千上万种产品可以通过内嵌电子装置来获得更佳的使用性能:更容易使用、更快、更便宜。这些装置已经初步具备了嵌入式的应用特点,但是这时的应用只是使用 8 位的芯片,执行一些单线程的程序,还谈不上"系统"的概念。

最早的单片机是 Intel 公司的 8048。它出现在 1976 年。Motorola 同时推出了 68HC05,Zilog 公司推出了 Z80 系列,这些早期的单片机均含有 256 字节的 RAM、4K 的 ROM、4 个 8 位并口、1 个全双工串行口、两个 16 位定时器。之后在 20 世纪 80 年代初,Intel 进一步完善了8048,在它的基础上研制成功了 8051,这在单片机的历史上是值得纪念的一页,迄今为止,51 系列的单片机仍然是最为成功的单片机芯片,在各种产品中有着非常广泛的应用。

从 20 世纪 80 年代早期开始,嵌入式系统的程序员开始用商业级的"操作系统"编写嵌入式应用软件,这使得可以获取更短的开发周期,更低的开发资金和更高的开发效率,"嵌入式系统"真正出现了。确切点说,这个时候的操作系统是一个实时核,这个实时核包含了许多传统操作系统的特征,包括任务管理、任务间通讯、同步与相互排斥、中断支持、内存管理等功能。其中比较著名的有 Ready System 公司的 VRTX,Integrated System Incorporation(ISI)的 PSOS 和 IMG 的 VxWorks、QNX 公司的 QNX 等。这些嵌入式操作系统都具有嵌入式的典型特点:它们均采用占先式的调度,响应的时间很短,任务执行的时间可以确定;系统内核很小,具有可裁剪,可扩充和可移植性,可以移植到各种处理器上;较强的实时和可靠性,适合嵌入式应用。这些嵌入式实时多任务操作系统的出现,使得应用开发人员得以从小范围的开发解放出来,同时促使嵌入式有了更为广阔的应用空间。

经过 30 多年的发展,嵌入式系统已经广泛地渗透到人们的学习、工作、生活中,嵌入式系统技术已被应用到科学研究、工程设计、军事技术、通信技术等。表 1-1 列举了嵌入式系统应用到的部分领域。嵌入式系统技术已成为了当前关注、学习研究的热点之一。什么是嵌入式系统技术呢? 这个问题将困惑着大家! 嵌入式系统技术本身就是一个相对模糊的定义,不同的组织对其定义也略有不同,但主要意思还是相同的。下面给大家介绍一下常见的嵌入式系统的相关定义。

表 1-1 嵌入式系统应用领域举例

领　域	应　用
消费电子	信息家电、智能玩具、通信设备、视频监控
医疗电子	病房呼叫系统、检测系统、透视系统
工业控制	工控设备、智能仪表、汽车电子、电子农业
网络	网络设备、电子商务、无线传感器
国防科技	军事电子
航天航空	各类飞行设备、卫星等

IEEE(国际电气和电子工程师协会)对嵌入式系统的定义:"用于控制、监视或者辅助操作机器和设备的装置"(原文为:devices used to control,monitor or assist the operation of equipment,machinery or plants)。这主要是从应用对象上加以定义,从中可以看出嵌入式系统是软件和硬件的综合体,还可以涵盖机械等附属装置。

嵌入式系统(embedded system),是一种"完全嵌入受控器件内部,为特定应用而设计的专用计算机系统"。根据英国电气工程师协会(U. K. institution of electrical engineer)的定义,嵌入式系统为控制、监视或辅助设备、机器或用于工厂运作的设备。与个人计算机这样的通用计算机系统不同,嵌入式系统通常执行的是带有特定要求的预先定义的任务。由于嵌入式系统只针对一项特殊的任务,设计人员能够对它进行优化,减小尺寸降低成本。嵌入式系统通常进行大量生产,所以单个的成本节约,能够随着产量进行成百上千的放大。

国内普遍认同的嵌入式系统定义为:以应用为中心,以计算机技术为基础,软硬件可裁剪,适应应用系统对功能、可靠性、成本、体积、功耗等严格要求的专用计算机系统。

可以这样认为,嵌入式系统是一种专用的计算机系统,作为装置或设备的一部分。通常,嵌入式系统是一个控制程序存储在 ROM 中的嵌入式处理器控制板。事实上,所有带有数字接口的设备,如手表、微波炉、录像机、汽车等,都使用嵌入式系统,有些嵌入式系统还包含操作系统,但大多数嵌入式系统都是由单个程序实现整个控制逻辑。

1.1.2 嵌入式系统的特点

按照嵌入式系统的定义,嵌入式系统有 6 个基本特点。

1. 系统内核小

由于嵌入式系统一般是应用于小型电子装置,系统资源相对有限,所以内核较之传统的操作系统要小得多。比如 ENEA 公司的 OSE 分布式系统,内核只有 5KB 而 Windows 的内核则要庞大得多。

2. 专用性强

嵌入式系统的个性化很强,其中的软件系统和硬件的结合非常紧密,一般要针对硬件进行系统的移植,即使在同一品牌、同一系列的产品中也需要根据系统硬件的变化和增减不断进行修改。同时,针对不同的任务,往往需要对系统进行较大更改;程序的编译下载要和系统相结合。这种修改和通用软件的"升级"是完全不同的概念。

3. 系统精简

嵌入式系统一般没有系统软件和应用软件的明显区分,不要求其功能的设计及实现过于复杂。这样一方面利于控制系统成本,同时利于实现系统安全。

4. 高实时性

高实时性的操作系统软件是嵌入式软件的基本要求,且软件要求固化存储,以提高速度。软件代码要求高质量和高可靠性。

5. 多任务的操作系统

嵌入式软件开发要想走向标准化,就必须使用多任务的操作系统。嵌入式系统的应用程序可以没有操作系统而直接在芯片上运行;但是为了合理地调度多任务,利用系统资源、系统函数以及专家库函数接口,用户必须自行选配 RTOS(real time operating system)开发平台。这样才能保证程序执行的实时性、可靠性,并减少开发时间,保障软件质量。

6. 专门的开发工具和环境

嵌入式系统开发需要专门的开发工具和环境。由于嵌入式系统本身不具备自主开发能力,即使设计完成以后,用户通常也不能对其中的程序功能进行修改,因此必须有一套开发工具和环境才能进行开发。这些工具和环境一般是基于通用计算机上的软硬件设备以及各种逻辑分析仪、混合信号示波器等。开发时往往有主机和目标机的概念,主机用于程序的开发,目标机作为最后的执行机,开发时需要交替结合进行。

1.1.3　嵌入式系统的发展

1. 嵌入式系统的发展阶段

嵌入式系统的出现至今已经有 30 多年的历史。近几年来,计算机、通信、消费电子的一体化趋势日益明显,嵌入式技术已成为一个研究热点。纵观嵌入式技术的发展过程,大致经历四个阶段。

第一阶段是以单芯片为核心的可编程控制器形式的系统,具有与监测、伺服、指示设备相配合的功能。这类系统大部分应用于一些专业性强的工业控制系统中,一般没有操作系统的支持,通过汇编语言编程对系统进行直接控制。这一阶段系统的主要特点是:系统结构和功能相对单一,处理效率较低,存储容量较小,几乎没有用户接口。

第二阶段是以嵌入式 CPU 为基础、以简单操作系统为核心的嵌入式系统。主要特点是:CPU 种类繁多,通用性比较弱;系统开销小,效率高;操作系统达到一定的兼容性和扩展性;应用软件较专业化,用户界面不够友好。

第三阶段是以嵌入式操作系统为标志的嵌入式系统。主要特点是:嵌入式操作系统能运行于各种不同类型的微处理器上,兼容性好;操作系统内核小、效率高,并且具有高度的模块化和扩展性;具备文件和目录管理、多任务、网络支持、图形窗口以及用户界面等功能;具有大量的应用程序接口 API,开发应用程序较简单;嵌入式应用软件丰富。

第四阶段是以 Internet 为标志的嵌入式系统。这是一个正在迅速发展的阶段。目前大多数嵌入式系统孤立于 Internet 之外,随着 Internet 的发展以及 Internet 技术与信息家电、工业控制技术结合日益密切,嵌入式设备与 Internet 的结合将代表嵌入式系统的未来。

2. 嵌入式系统的发展趋势

(1) 小型化、智能化、网络化、可视化。

随着技术水平的提高和人们生活的需要,嵌入式设备(尤其是消费类产品)正朝着小型化便携式和智能化的方向发展。如果携带笔记本电脑外出办事,肯定希望它轻薄小巧,甚至可能希望有一种更便携的设备来替代它。目前的上网本、MID(移动互联网设备)、便携投影仪等都是因类似的需求而出现的。对嵌入式而言,已经进入了嵌入式互联网时代(有线网、无线网、广域网、局域网的组合),嵌入式设备和互联网的紧密结合,更为我们的日常生活带来了极大的方便和无限的想象空间。嵌入式设备功能越来越强大,未来冰箱、洗衣机等家用电器都将实现网上控制;异地通讯、协同工作、无人操控场所、安全监控场所等的可视化也已经成为现实,随着网络运载能力的提升,可视化将得到进一步完善。人工智能、模式识别技术也将在嵌入式系统中得到应用,使得嵌入式系统更具人性化、智能化。

(2) 多核技术的应用。

人们需要处理的信息越来越多,这就要求嵌入式设备运算能力更强,因此需要设计出更强大的嵌入式处理器,多核技术处理器在嵌入式中的应用将更为普遍。

(3) 低功耗(节能)、绿色环保。

在嵌入式系统的硬件和软件设计中都在追求更低的功耗,以求嵌入式系统能获得更长的可靠工作时间。如:手机的通话和待机时间,MP3听音乐的时间等。同时,绿色环保型嵌入式产品将更受人们青睐,在嵌入式系统设计中也会更多地考虑如:辐射和静电等问题。

(4) 云计算、可重构、虚拟化等技术被进一步应用到嵌入式系统中。

简单讲,云计算是将计算分布在大量的分布式计算机上,这样只需要一个终端,就可以通过网络服务来实现我们需要的计算任务,甚至是超级计算任务。云计算(cloud computing)是分布式处理(distributed computing)、并行处理(parallel computing)和网格计算(grid computing)的发展,或者说是这些计算机科学概念的商业实现。在未来几年里,云计算将得到进一步发展与应用。

可重构性是指在一个系统中,其硬件模块或(和)软件模块均能根据变化的数据流或控制流对系统结构和算法进行重新配置(或重新设置)。可重构系统最突出的优点就是能够根据不同的应用需求,改变自身的体系结构,以便与具体的应用需求相匹配。

虚拟化是指计算机软件在一个虚拟的平台上而不是真实的硬件上运行。虚拟化技术可以简化软件的重新配置过程,易于实现软件的标准化。其中CPU的虚拟化可以单CPU模拟多CPU并行运行,允许一个平台同时运行多个操作系统,并且都可以在相互独立的空间内运行而互不影响,从而提高工作效率和安全性,虚拟化技术是降低多内核处理器系统开发成本的关键。虚拟化技术是未来几年最值得期待和关注的关键技术之一。

随着各种技术的成熟与在嵌入式系统中的应用,将不断为嵌入式系统增添新的魅力和发展空间。

(5) 嵌入式软件开发平台化、标准化、系统可升级,代码可复用将更受重视嵌入式操作系统将进一步走向开放、开源、标准化,组件化。

嵌入式软件开发平台化也将是今后的一个趋势,越来越多的嵌入式软硬件行业标准将出现,最终的目标是使嵌入式软件开发简单化,这也是一个必然规律。同时随着系统复杂度的提高,系统可升级和代码复用技术在嵌入式系统中得到更多的应用。另外,因为嵌入式系统采用的微处理器种类多,不够标准,所以在嵌入式软件开发中将更多的使用跨平台的软件开发语言与工具。目前,Java语言正在被越来越多的使用到嵌入式软件开发中。

(6) 嵌入式系统软件将逐渐 PC 化。

需求和网络技术的发展是嵌入式系统发展的一个源动力,随着移动互联网的发展,将进一步促进嵌入式系统软件 PC 化。如前所述,结合跨平台开发语言的广泛应用,那么未来嵌入式软件开发的概念将被逐渐淡化,也就是嵌入式软件开发和非嵌入式软件开发的区别将逐渐减小。

(7)融合趋势。

嵌入式系统软硬件融合、产品功能融合、嵌入式设备和互联网的融合趋势加剧。嵌入式系统设计中软硬件结合将更加紧密,软件将是其核心。消费类产品将在运算能力和便携方面进一步融合。传感器网络将迅速发展,其将极大地促进嵌入式技术和互联网技术的融合。

(8)安全性。

随着嵌入式技术和互联网技术的结合发展,嵌入式系统的信息安全问题日益凸显,保证信息安全成为嵌入式系统开发的重点和难点。

 ## 1.2 嵌入式系统的组成与结构

一个嵌入式系统装置一般都由嵌入式计算机系统和执行装置组成。嵌入式计算机系统是整个嵌入式系统的核心,由硬件层、中间层、系统软件层和应用软件层组成。执行装置也称为被控对象,它可以接受嵌入式计算机系统发出的控制命令,执行所规定的操作或任务。执行装置可以很简单,如手机上的一个微小型的电机,当手机处于震动接收状态时打开;也可以很复杂,如 SONY 智能机器狗,上面集成了多个微小型控制电机和多种传感器,从而可以执行各种复杂的动作和感受各种状态信息。

1.2.1 嵌入式系统的硬件组成与结构

一个嵌入式系统装置一般都由嵌入式计算机系统和执行装置组成。嵌入式计算机系统是整个嵌入式系统的核心,由硬件层、中间层、系统软件层和应用软件层组成。执行装置也称被控对象,它可以接受嵌入式计算机系统发出的控制命令,执行所规定的操作或任务。执行装置可以很简单,如手机上的一个微小型的电机,当手机处于震动接收状态时打开;也可以很复杂,如 SONY 智能机器狗,上面集成了多个微小型控制电机和多种传感器,从而可以执行各种复杂的动作和感受各种状态信息。

1. 硬件层

硬件层中包含嵌入式微处理器、存储器(SDRAM、ROM、Flash 等)、通用设备接口和I/O接口(A/D、D/A、I/O 等)。在一片嵌入式处理器基础上添加电源电路、时钟电路和存储器电路,就构成了一个嵌入式核心控制模块。其中操作系统和应用程序都可以固化在 ROM 中。

1) 嵌入式微处理器

嵌入式系统硬件层的核心是嵌入式微处理器,嵌入式微处理器与通用 CPU 最大的不同在于嵌入式微处理器大多工作在为特定用户群所专用设计的系统中。它将通用 CPU 许多由板卡完成的任务集成在芯片内部,从而有利于嵌入式系统在设计时趋于小型化,同时具有很高的效率和可靠性。

嵌入式微处理器的体系结构可以采用冯·诺依曼体系或哈佛体系结构;指令系统可以选用精简指令系统(reduced instruction set computer,RISC)和复杂指令系统 CISC(complex instruction set computer,CISC)。RISC 计算机在通道中只包含最有用的指令,确保数据通道快速执行每一条指令,从而提高了执行效率并使 CPU 硬件结构设计变得更为简单。

嵌入式微处理器有各种不同的体系,即使在同一体系中也可能具有不同的时钟频率和数据总线宽度,或集成了不同的外设和接口。据不完全统计,全世界嵌入式微处理器已经超过 1000 多种,体系结构有 30 多个系列,其中主流的体系有 ARM、MIPS、PowerPC、X86 和

SH 等。但与全球 PC 市场不同的是,没有一种嵌入式微处理器可以主导市场,仅以 32 位的产品而言,就有 100 种以上的嵌入式微处理器。嵌入式微处理器的选择是根据具体的应用而决定的。

2）存储器

嵌入式系统需要存储器来存放和执行代码。嵌入式系统的存储器包含 Cache、主存和辅助存储器。其存储结构如图 1-1 所示。

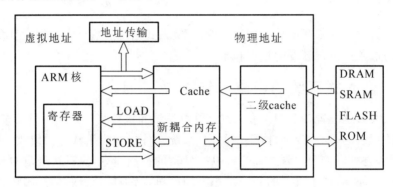

图 1-1 存储结构

（1）Cache。

Cache 是一种容量小、速度快的存储器阵列。它位于主存和嵌入式微处理器内核之间,存放的是一段时间微处理器使用最多的程序代码和数据。在需要进行数据读取操作时,微处理器尽可能地从 Cache 中读取数据,而不是从主存中读取,这样就大大改善了系统的性能,提高了微处理器和主存之间的数据传输速率。Cache 的主要目标就是:减小存储器(如主存和辅助存储器)给微处理器内核造成的存储器访问瓶颈,使处理速度更快,实时性更强。

在嵌入式系统中 Cache 全部集成在嵌入式微处理器内,可分为数据 Cache、指令 Cache 或混合 Cache,Cache 的大小依不同处理器而定。一般中高档的嵌入式微处理器才会把 Cache 集成进去。

（2）主存。

主存是嵌入式微处理器能直接访问的寄存器,用来存放系统和用户的程序及数据。它可以位于微处理器的内部或外部,其容量为 256 KB~1 GB,根据具体的应用而定,一般片内存储器容量小,速度快,片外存储器容量大。

常用作主存的存储器有:

① ROM 类 NOR Flash、EPROM 和 PROM 等；

② RAM 类 SRAM、DRAM 和 SDRAM 等。

其中,NOR Flash 凭借其可擦写次数多、存储速度快、存储容量大、价格便宜等优点,在嵌入式领域内得到了广泛应用。

（3）辅助存储器。

辅助存储器用来存放大数据量的程序代码或信息。它的容量大、但读取速度与主存相比就慢的很多,用来长期保存用户的信息。

嵌入式系统中常用的外存有:硬盘、NAND Flash、CF 卡、MMC 和 SD 卡等。

3）通用设备接口和 I/O 接口

嵌入式系统和外界交互需要一定形式的通用设备接口,如 A/D、D/A、I/O 等。外设通过和片外其他设备的或传感器的连接来实现微处理器的输入/输出功能。每个外设通常都只有单一的功能。它可以在芯片外也可以内置芯片中。外设的种类很多,可从一个简单的串行通信设备到非常复杂的 802.11 无线设备。

嵌入式系统中常用的通用设备接口有 A/D(模/数转换接口)、D/A(数/模转换接口),I/O接口有 RS-232 接口(串行通信接口)、Ethernet(以太网接口)、USB(通用串行总线接口)、音频接口、VGA 视频输出接口、I²C(现场总线)、SPI(串行外围设备接口)和 IrDA(红外线接口)等。

2. 中间层

硬件层与软件层之间为中间层,也称为硬件抽象层(hardware abstract layer,HAL)或板级支持包(board support package,BSP)。它将系统上层软件与底层硬件分离开来,使系统的底层驱动程序与硬件无关,上层软件开发人员无须关心底层硬件的具体情况,根据 BSP 层提供的接口即可进行开发。该层一般包含相关底层硬件的初始化、数据的输入/输出操作和硬件设备的配置功能。

BSP 具有以下两个特点。

硬件相关性:因为嵌入式实时系统的硬件环境具有应用相关性,而作为上层软件与硬件平台之间的接口,BSP 需要为操作系统提供操作和控制具体硬件的方法。

操作系统相关性:不同的操作系统具有各自的软件层次结构,因此,不同的操作系统具有特定的硬件接口形式。

实际上,BSP 是一个介于操作系统和底层硬件之间的软件层次,包括系统中大部分与硬件联系紧密的软件模块。设计一个完整的 BSP 需要完成两部分工作:嵌入式系统的硬件初始化以及 BSP 功能,设计硬件相关的设备驱动。

1.2.2 嵌入式系统的软件组成与结构

在嵌入式系统的不同应用领域和不同的发展阶段,嵌入式系统的软件组成也不完全相同。最基本的结构如图 1-2 所示。

应用软件是针对特定应用领域,基于某一个固定的硬件平台,用来达到用户预期目标的计算机软件。嵌入式系统自身的特点,决定了嵌入式应用软件不仅要求达到准确性、安全性和稳定性等方面的要求,而且还要尽可能 地进行代码优化,以减少对系统资源的消耗,降低硬件成本。

应用层
驱动层
操作系统层

图 1-2 嵌入式系统
软件组成图

1.3 嵌入式操作系统举例

嵌入式操作系统主要有商业版和开源版两个阵营,从长远看,嵌入式系统开源开发将是嵌入式发展趋势。

1.3.1 商业版嵌入式操作系统

常见的商业嵌入式操作系统有 VxWorks、windows CE 和 PalmOS 操作系统。

1. VxWorks

VxWorks 操作系统是美国 WindRiver 公司于 1983 年设计开发的一种嵌入式实时操作系统(RTOS),是嵌入式开发环境的关键组成部分。良好的持续发展能力、高性能的内核以及友好的用户开发环境,在嵌入式实时操作系统领域占据一席之地。它以其良好的可靠性和卓越的实时性被广泛地应用在通信、军事、航空、航天等高精尖技术及实时性要求极高的领域中,如卫星通信、军事演习、弹道制导、飞机导航等。在美国的 F-16、FA-18 战斗机、B-2

隐形轰炸机和爱国者导弹上,甚至连 1997 年 4 月在火星表面登陆的火星探测器、2008 年 5 月登陆的凤凰号,和 2012 年 8 月登陆的好奇号也都使用到了 VxWorks 上。VxWorks 的系统结构是一个相当小的微内核的层次结构。内核仅提供多任务环境、进程间通信和同步功能。这些功能模块足够支持 VxWorks 在较高层次所提供的丰富的性能要求。

2. Windows CE

Windows CE 操作系统是 Windows 家族中的成员,为专门设计给掌上电脑(HPCs)以及嵌入式设备所使用的系统环境。这样的操作系统可使完整的可移动技术与现有的 Windows 桌面技术整合工作。Windows CE 被设计成针对小型设备(它是典型的拥有有限内存的无磁盘系统)的通用操作系统,Windows CE 可以通过设计一层位于内核和硬件之间代码用来设定硬件平台。这即是众所周知的硬件抽象层(HAL)(在以前解释时,这被称为 OEMC(原始设备制造)适应层,即 OAL;内核压缩层,即 KAL。以免与微软的 Windows NT 操作系统的 HAL 混淆)。与其他的微软 Windows 操作系统不同,Windows CE 并不是代表一个采用相同标准的对所有平台都适用的软件。为了足够灵活以达到适应广泛产品需求,Windows CE 可采用不同的标准模式。这就意味着,它能够从一系列软件模式中做出选择,从而使产品得到定制。另外,一些可利用模式也可作为其组成部分,这意味着这些模式能够通过从一套可利用的组分做出选择,从而成为标准模式。通过选择,Windows CE 能够达到系统要求的最小模式,从而减少存储脚本和操作系统的运行。

3. Palm OS

Palm OS 是早期由 U. S. Robotics(其后被 3Com 收购,再独立改名为 Palm 公司)研制的专门用于其掌上电脑产品 Palm 的操作系统。由于此操作系统完全为 Palm 产品设计和研发,而其产品由推出时就超过了苹果公司的 Newton 而获得了极大的成功,所以 Palm OS 也因此声名大噪。其后曾被 IBM、Sony、Handspring 等厂商取得授权,使用在旗下产品中。Palm OS 操作系统以简单易用为大前提,运作需求的内存与处理器资源较小,速度也很快;但不支援多线程,长远发展受到限制。Palm OS 版权现时由 PalmSource 公司拥有,并由 PalmSource 开发及维护。2005 年 9 月 9 日,PalmSource 被日本软件开发商爱可信收购,之后改以 Access Linux Platform 为名继续开发。新出产的 Palm 类产品中的 Palm OS 版本大部分为 5.0 甚至更高,但市场上仍然未有采用 Palm OS 6 的产品。

1.3.2　开源版嵌入式操作系统

开源的嵌入式操作系统(简称嵌入式 OS)之前,先把开源软件搞清楚。"开源软件"目前并没有明确定义,也没有标准许可证。许多公司采用开放源代码一词,大概有这样两种情况。第一,开源软件的许可条款是一个组合条款,并不都是 GPL。比如 Android 里面就有多种许可证(GPL、Apache 和 BSD)。Linux 内核是采用 GPL,用户任何修改必须开源给社区。Android 的许可可以让用户为自己的应用制作专用软件(遵循 Apache 和 BSD 许可)。第二,一些商业软件称自己是开源软件,其实它们只是开放源代码给用户或者大众,让大家免费评估和试用,如果你真正的使用在商业项目了,需要技术服务了,那对不起,他们要收费了。

1. Linux

由 Linus Torvalds 在 1991 年发表的 Linux 开放操作系统,是由在互联网上的志愿者开发的,吸引了许许多多忠实的追随者,自 1999 年稳定的 2.2 版本发布以来,Linux 早已经在服务器和台式机上取得了巨大的成功,正在嵌入式系统中大放异彩。许多人认为 Linux 可以获得在嵌入式市场上的认可,真正的关键的原因是得益于 Linux 高质量和其生命力,当然可以给 Linux 开发人员提供了灵活性和开放源码选择,不收取运行时许可使用费也是开发者选择 Linux 的理由。与商业软件授权方式不同的是，开发者可以自由修改的 Linux，以满足他们的应用需要。在技术上，因为基于 UNIX 技术，Linux 提供广泛的功能强大的操作系统功能，包括内存保护、进程和线程，以及丰富的网络协议，Linux 与 POSIX 标准兼容，从而提高了应用的可移植性。Linux 支持多种微处理器，总线架构和设备，通常情况下，芯片公司的驱动程序，应用相关的中间件，工具和应用程序都是先为 Linux 开发的，后来移植到其他 OS 平台。这些特性都非常适合于嵌入式系统应用。

2. Red Hat 的 eCos

eCos 全称是 embedded configurable operating system。它出现于 1997 年，可以说是嵌入式领域的一个后来者。相对其他的系统来说，它非常年轻，在设计理念上面是比较新颖的，eCos 绝大多数代码使用 C++写作完成。eCos 最早是 Cygnus 公司开发（该公司成立于 1989 年），1999 年被 RedHat 收购，2002 年 RedHat 因为财务上的原因放弃了 RedHat 项目，解雇了 eCos 的开发人员，2004 年在 eCos 开发者的呼吁下，RedHat 同意把 eCos 版权转给开源软件基金会。之后，eCos 主要开发人员组建了一个新的 eCosCentric 公司，继续进行 eCos 的开发和技术支持。

eCos 最大的特点是模块化，内核可配置。如果说嵌入式 Linux 太庞大了，那么 eCos 可能就能够满足你的要求。它是一个针对 16/32/64 位处理器的可移植开放源代码的嵌入式 RTOS。和 Linux 不同，它是由专门设计嵌入式系统的工程师设计的。eCos 提供的 Linux 兼容的 API 能让开发人员轻松地将 Linux 应用移植到 eCos。eCos 的核心具备一般 OS 功能，如驱动和内存管理、异常和中断处理、线程的支持，还具备 RTOS 的特点，如可抢占、最小中断延迟、线程同步等。eCos 支持大量外设、通信协议和中间件，比如以太网、USB、IPv4/IPv6、SNMP、HTTP 等。

3. Android

Android 是谷歌公司开发的针对高端智能手机的一个操作系统（OS）。其实 Android 不仅仅是一个 OS，也是一个软件平台，可以应用在更加广泛的设备中。在实际应用中，Android 是一个在 Linux 上的应用架构，优势是能够帮助开发者快速地布置应用软件。Android 成功的关键是它的授权方式，它是一个开源软件，主要的源代码的授权方式是 Apache，该授权允许使用者在 Android 源代码上增加自主知识产权，而不一定要公开源代码。

直到今天，Android 的开发主要还是集中在移动终端上，这是谷歌的主要目标市场，相关软件 IP 和开发工具也都是针对这个市场设计和配置的，在这个市场上 Android 已经成为智能手机市场占有率最大的 OS。在其他的市场上 Android 也的潜力巨大，一般来说，任何有复杂的软件需求的地方，一个封装好的有连接和用户界面的设备，比如车载信息系统（IVT），智能电视，Android 都会有用武之地。消费电子，通信，汽车电子，医疗仪器和智能家居应用都是 Android 潜在的应用目标，但是 Android 要从移动终端应用真正走出来，确实很有挑战性，目前我们看到的是在平板电脑和智能电视上 Android 有不错的表现，基于 Android 照相机、智能手表和电视盒已经出现，更多的应用也在开发之中。

思考与练习

1. 什么是嵌入式系统？列举出几个熟悉的嵌入式系统产品。
2. 嵌入式系统由哪几部分组成？
3. 简述嵌入式系统的特点。

第②章 ARM 微处理器技术

本章主要介绍了 ARM 体系结构的特点和结构特性，以及常用的 ARM 处理器、微处理器的结构特性，包括微处理器接口。

本章主要内容：

- ARM 体系结构的特点。
- 常用的 ARM 处理器。
- 微处理器结构。
- 微处理器接口。

 ## 2.1 ARM 体系结构的特点及发展简介

ARM 公司是一家知识产权(IP)供应商。它与一般的半导体公司最大的不同就是不制造芯片且不向终端用户出售芯片，而是通过转让设计方案，由合作伙伴生产出各具特色的芯片。ARM 公司利用这种双赢的伙伴关系迅速成为全球性 RISC 微处理器标准的缔造者。这种模式也给用户带来巨大的好处，因为用户只需掌握了一种 ARM 内核结构及其开发手段，就能够使用多家公司相同 ARM 内核的芯片。

目前，总共有超过 100 家公司与 ARM 公司签订了技术使用许可协议，其中包括 Intel、IBM、LG、NEC、SONY、NXP(原 PHILIPS)和 NS 这样的大公司。至于软件系统的合伙人，则包括微软、升阳和 MRI 等一系列知名公司。

ARM 架构是 ARM 公司面向市场设计的第一款低成本 RISC 微处理器。它具有极高的性价比和代码密度以及出色的实时中断响应和极低的功耗，并且占用硅片的面积极少，从而使它成为嵌入式系统的理想选择。因此应用范围非常广泛，比如手机、PDA、MP3/MP4 和种类繁多的便携式消费产品中。2004 年 ARM 公司的合作伙伴生产了 12 亿片 ARM 处理器。

2.1.1 RISC 结构特性

ARM 内核采用精简指令集计算机(RISC)体系结构。它是一个小门数的计算机，其指令集和相关的译码机制比复杂指令集计算机(CISC)要简单得多，其目标就是设计出一套能在高时钟频率下单周期执行，简单而有效地的指令集。RISC 的设计重点在于降低处理器中指令执行部件的硬件复杂度，这是因为软件比硬件更容易提供更大的灵活性和更高的智能化，因此 ARM 具备了非常典型的 RISC 结构特性：

（1）具有大量的通用寄存器；

（2）通过装载/保存(load-store)结构使用独立的 load 和 store 指令完成数据在寄存器和外部存储器之间的传送，处理器只处理寄存器中的数据，从而可以避免多次访问存储器；

（3）寻址方式非常简单，所有装载/保存的地址都只由寄存器内容和指令域决定；

（4）使用统一和固定长度的指令格式。

此外，ARM 体系结构还提供：

（1）每一条数据处理指令都可以同时包含算术逻辑单元(ALU)的运算和移位处理，以实现对 ALU 和移位器的最大利用；

（2）使用地址自动增加和自动减少的寻址方式优化程序中的循环处理；

（3）load/store 指令可以批量传输数据，从而实现了最大数据吞吐量；

（4）大多数 ARM 指令是可"条件执行"的，也就是说只有当某个特定条件满足时指令才会被执行，通过使用条件执行，可以减少指令的数目，从而改善程序的执行效率和提高代码密度。

这些在基本 RISC 结构上增强的特性使 ARM 处理器在高性能、低代码规模、低功耗和小的硅片尺寸方面取得良好的平衡。

从 1985 年 ARM1 诞生至今，ARM 指令集体系结构发生了巨大的改变，还在不断地完善和发展。为了清楚地表达每个 ARM 应用实例所使用的指令集，ARM 公司定义了 7 种主要的 ARM 指令集体系结构版本，以版本号 V1～V7 表示。

2.1.2　常用 ARM 处理器系列

ARM 公司开发了很多系列的 ARM 处理器核，应用比较多的是 ARM7 系列、ARM9 系列、ARM10 系列、ARM11 系列、Intel 的 Xscale 系列和 MPCore 系列，还有针对低端 8 位 MCU 市场最新推出的 Cortex-M3 系列，其具有 32 位 CPU 的性能、8 位 MCU 的价格。

1. CortexTM-M3 处理器

ARM CortexTM-M3 处理器是一个面向低成本，小管脚数目以及低功耗应用，并且具有极高运算能力和中断响应能力的一个处理器内核。其问世于 2006 年，第一个推向市场的是美国 LuminaryMicro 半导体公司的 LM3S 系列 ARM。

CortexTM-M3 处理器采用了纯 Thumb2 指令的执行方式，使得这个具有 32 位高性能的 ARM 内核能够实现 8 位和 16 位处理器级数的代码存储密度，非常适用于那些只需几 K 存储器的 MCU 市场。在增强代码密度的同时，该处理器内核是 ARM 所设计的内核中最小的一个，其核心的门数只有 33K，在包含了必要的外设之后的门数也只为 60K。这使它的封装更为小型，成本更加低廉。在实现这些的同时，它具有性能优异的中断能力，通过其独特的寄存器管理并以硬件处理各种异常和中断的方式，最大限度地提高了中断响应和中断切换的速度。

与相近价位的 ARM7 核相比，CortexTM-M3 采用了先进的 ARMv7 架构，具有带分支预测功能的 3 级流水线，以 NMI 的方式取代了 FIQ/IRQ 的中断处理方式，其中断延迟最大只需 12 个周期（ARM7 为 24～42 个周期），带睡眠模式，8 段 MPU（存储器保护单元），同时具有 1.25MIPS/MHz 的性能（ARM7 为 0.9MIPS/MHz），而且其功耗仅为 0.19mW/MHz（ARM7 为 0.28mW/MHz），目前最便宜的基于 Cortex-M3 内核的 ARM 单片机售价为 1 美元，由此可见 Cortex-M3 系列是冲击低成本市场的利器，但性能比 8 位单片机更高。

2. CortexTM-R4 处理器

CortexTM-R4 处理器是首款基于 ARM v7 架构的高级嵌入式处理器，其目标主要为产量巨大的高级嵌入式应用方案，如硬盘，喷墨式打印机，以及汽车安全系统等。

CortexTM-R4 处理器在节省成本与功耗上为开发者们带来了关键性的突破，在与其他处理器相近的芯片面积上提供了更为优越的性能。CortexTM-R4 为整合期间的可配置能力提供了真正的支持，通过这种能力，开发者可让处理器更加完美的符合应用方案的具体要求。

CortexTM-R4 采用了 90 纳米生产工艺，最高运行频率可达 400 MHz，该内核整体设计的侧重点在于效率和可配置性。

ARM CortexTM-R4 处理器拥有复杂完善的流水线架构，该架构基于低耗费的超量（双行）

8 段流水线,同时带有高级分支预测功能,从而实现了超过 1.6 MIPS/MHz 的运算速度。该处理器全面遵循 ARMv7 架构,同时还包含了更高代码密度的 Thumb-2 技术、硬件划分指令、经过优化的一级高速缓存和 TCM(紧密耦合存储器),存储器保护单元,动态分支预测,64 位的 AXI 主机端口,AXI 从机端口,VIC 端口等多种创新的技术和强大的功能。

3. CortexTM-R4F 处理器

CortexTM-R4F 处理器在 CortexTM-R4 处理器的基础上加入了代码错误校正(ECC)技术、浮点运算单元(FPU)以及 DMA 综合配置的能力,增强了处理器在存储器保护单元、缓存、紧密耦合存储器、DMA 访问以及调试方面的能力。

4. CortexTM-A8 处理器

CortexTM-A8 是 ARM 公司所开发的基于 ARMv7 架构的首款应用级处理器,也是 ARM 所开发的同类处理器中性能最好、能效最高的处理器。从 600 MHz 开始到 1GHz 以上的运算能力使 CortexTM-A8 能够轻易胜任那些要求功耗小于 300mW 的、耗电量最优化的移动电话器件,以及那些要求有 2000 MIPS 执行速度的、性能最优化的消费者产品的应用。CortexTM-A8 是 ARM 公司首个超量处理器,其特色是运用了可增加代码密度和加强性能的技术、可支持多媒体以及信号处理能力的 NEONTM 技术,以及能够支持 JAVA 和其他文字代码语言(byte-code language)的提前和即时编译的 Jazelle® RCT(Run-time Compilation Target 运行时编译目标代码)技术。

ARM 最新的 Artisan® Advantage-CE 库以其先进的泄漏控制技术使 CortexTM-A8 处理器实现了优异的速度和能效。

CortexTM-A8 具有多种先进的功能特性。它是一个有序、双行、超标量的处理器内核,具有 13 级整数运算流水线,10 级 NEON 媒体运算流水线,可对等待状态进行编程的专用的 2 级缓存,以及基于历史的全局分支预测;在功耗最优化的同时,实现了 2.00MIPS/MHz 的性能。它完全兼容 ARMv7 架构,采用 Thumb2 指令集,带有为媒体数据处理优化的 NEON 信号处理能力,Jazelle RC JAVA 加速技术,并采用了 TrustZong 技术来保障数据的安全性。它带有经过优化的 1 级缓存,还集成了 2 级缓存。众多先进的技术使其适用于家电以及电子行业等各种高端的应用领域。

5. ARM7 系列

ARM7TDMI 是 ARM 公司 1995 年推出的第一个处理器内核,是目前用量最多的一个内核。ARM7 系列包括 ARM7TDMI、ARM7TDMI-S、带有高速缓存处理器宏单元的 ARM720T 和扩充了 Jazelle 的 ARM7EJ-S。该系列处理器提供 Thumb 16 位压缩指令集和 EmbeddedICE JTAG 软件调试方式,适合应用于更大规模的 SoC 设计中。其中 ARM720T 高速缓存处理宏单元还提供 8KB 缓存、读缓冲和具有内存管理功能的高性能处理器,支持 Linux 和 Windows CE 等操作系统。

6. ARM9 系列

ARM9 系列于 1997 年问世,ARM9 系列有 ARM9TDMI、ARM920T 和带有高速缓存处理器宏单元的 ARM940T。所有的 ARM9 系列处理器都具有 Thumb 压缩指令集和基于 EmbeddedICE JTAG 的软件调试方式。ARM9 系列兼容 ARM7 系列,而且能够比 ARM7 进行更加灵活的设计。

ARM926EJ-S 发布于 2000 年,ARM9E 系列为综合处理器,包括 ARM926EJ-S 和带有高速缓存处理器宏单元的 ARM966E-S、ARM946E-S。该系列强化了数字信号处理(DSP)功能,可应用于需要 DSP 与微控制器结合使用的情况,将 Thumb 技术和 DSP 都扩展到 ARM 指令集中,并具有 EmbeddedICE-RT 逻辑(ARM 的基于 EmbeddedICE JTAG 软件调试的增强版本),更好地适应了实时系统的开发需要。同时其内核在 ARM9 处理器内核的基础上使用了 Jazelle 增强技术,该技术支持一种新的 Java 操作状态,允许在硬件中执行 Java 字节码。

7. ARM10 系列

ARM10 发布于 1999 年,ARM10 系列包括 ARM1020E 和 ARM1022E 微处理器核。其核心在于使用向量浮点(VFP)单元 VFP10 提供高性能的浮点解决方案,从而极大提高了处理器的整型和浮点运算性能,为用户界面的 2D 和 3D 图形引擎应用夯实基础,如视频游戏机和高性能打印机等。

8. ARM11 系列

ARM1136J-S 发布于 2003 年,是针对高性能和高能效的应用而设计的。ARM1136J-S 是第一个执行 ARMv6 架构指令的处理器。它集成了一条具有独立的 load-store 和算术流水线的 8 级流水线。ARMv6 指令包含了针对媒体处理的单指令多数据流(SIMD)扩展,采用特殊的设计以改善视频处理性能。

ARM1136JF-S 就是为了进行快速浮点运算,而在 ARM1136J-S 增加了向量浮点单元。

9. Xscale

Xscale 处理器将 Intel 处理器技术和 ARM 体系结构融为一体,致力于为手提式通信和消费电子类设备提供理想的解决方案,并提供全性能、高性价比、低功耗的解决方案,支持 16 位 Thumb 指令和集成数字信号处理(DSP)指令。

 ## *2.2* ARM 微处理器结构

ARM 的体系结构或处理器结构主要体现在 ARM 微处理器的寄存器结构、异常处理、存储器结构、指令系统、接口等方面。

2.2.1 寄存器结构

ARM 处理器共有 37 个寄存器,被分为若干个组(BANK),这些寄存器包括:① 31 个通用寄存器,包括链接寄存器(LR)、程序计数器(PC 指针),均为 32 位的寄存器;② 6 个状态寄存器,用以标识 CPU 的工作状态及程序的运行状态(CPSR,SPSR),均为 32 位,目前只使用了其中的一部分。

1. 处理器运行模式

ARM 微处理器支持 7 种运行模式,分别如下。

(1) usr(用户模式):ARM 处理器正常程序执行模式,不能直接切换到其他模式。

(2) fiq(快速中断模式):用于高速数据传输或通道处理,FIQ 异常响应时进入此模式。

(3) irq(外部中断模式):用于通用的中断处理,IRQ 异常响应时进入此模式。

(4) svc(管理模式):操作系统使用的保护模式,系统复位和软件中断响应时进入此模式(由系统调用执行软中断 SWI 命令触发)。

(5) abt(数据访问终止模式):当数据或指令预取终止时进入该模式,可用于虚拟存储及存储保护。

(6) sys(系统模式):运行具有特权的操作系统任务,与用户模式类似,但具有可以直接切换到其他模式等特权。

（7）und（未定义指令中止模式）：当未定义的指令执行时进入该模式，可用于支持硬件协处理器的软件仿真。

ARM 微处理器的运行模式可以通过软件改变，也可以通过外部中断或异常处理改变。大多数的应用程序运行在用户模式下，当处理器运行在用户模式下时，某些被保护的系统资源是不能被访问的。除用户模式以外，其余的所有 6 种模式称之为非用户模式，或特权模式（privileged modes）；其中除去用户模式和系统模式以外的 5 种又称为异常模式（exception modes），常用于处理中断或异常，以及需要访问受保护的系统资源等情况。

ARM 处理器在每一种处理器模式下均有一组相应的寄存器与之对应。即在任意一种处理器模式下，可访问的寄存器包括 15 个通用寄存器（R0～R14）、一至二个状态寄存器和程序计数器。在所有的寄存器中，有些是在 7 种处理器模式下共用的同一个物理寄存器，而有些寄存器则是在不同的处理器模式下有不同的物理寄存器。

2. 处理器工作状态

ARM 处理器有 32 位 ARM 和 16 位 Thumb 两种工作状态。在 32 位 ARM 状态下执行字对齐的 ARM 指令，在 16 位 Thumb 状态下执行半字对齐的 Thumb 指令。在 Thumb 状态下，程序计数器 PC（Program Counter）使用位[1]选择另一个半字。ARM 处理器在两种工作状态之间可以切换，切换不影响处理器的模式或寄存器的内容。

（1）当操作数寄存器的状态位（位[0]）为 1 时，执行 BX 指令进入 Thumb 状态。如果处理器在 Thumb 状态进入异常，则当异常处理（IRQ、FIQ、Undef、Abort 和 SWI）返回时，自动转换到 Thumb 状态。

（2）当操作数寄存器的状态位（位[0]）为 0 时，执行 BX 指令进入 ARM 状态，处理器进行异常处理（IRQ、FIQ、Reset、Undef、Abort 和 SWI）。在此情况下，把 PC 放入异常模式链接寄存器中。从异常向量地址开始执行可以进入 ARM 状态。

（3）ARM 处理器的寄存器组织，ARM 处理器的 37 个寄存器被安排成部分重叠的组，不能在任何模式都可以使用，寄存器的使用与处理器状态和工作模式有关。如图 2-1 所示，每种处理器模式使用不同的寄存器组。其中 15 个通用寄存器（R0～R14）、1 或 2 个状态寄存器和程序计数器是通用的。

1）通用寄存器

通用寄存器（R0～R15）可分成不分组寄存器 R0～R7、分组寄存器 R8～R14 和程序计数器 R15 三类。

（1）不分组寄存器 R0～R7。

不分组寄存器 R0～R7 是真正的通用寄存器，可以工作在所有的处理器模式下，没有隐含的特殊用途。

（2）分组寄存器 R8～R14。

分组寄存器 R8～R14 取决于当前的处理器模式，每种模式有专用的分组寄存器用于快速异常处理。寄存器 R8～Rl2 可分为两组物理寄存器。一组用于 FIQ 模式，另一组用于除 FIQ 以外的其他模式。第 1 组访问 R8_fiq～R12_fiq，允许快速中断处理。第二组访问 R8_usr～R12_usr，寄存器 R8～R12 没有任何指定的特殊用途。

寄存器 R13～R14 可分为 6 个分组的物理寄存器。1 个用于用户模式和系统模式，而其他 5 个分别用于 svc、abt、und、irq 和 fiq 五种异常模式。访问时需要指定它们的模式，如：R13_⟨mode⟩，R14_⟨mode⟩；其中：⟨mode⟩可以从 usr、svc、abt、und、irq 和 fiq 六种模式中选取一个。

系统和用户模式	管理模式	中止模式	中断模式	未定义模式	快速中断模式
R0	R0	R0	R0	R0	R0
R1	R1	R1	R1	R1	R1
R2	R2	R2	R2	R2	R2
R3	R3	R3	R3	R3	R3
R4	R4	R4	R4	R4	R4
R5	R5	R5	R5	R5	R5
R6	R6	R6	R6	R6	R6
R7	R7	R7	R7	R7	R7
R8	R8	R8	R8	R8	R8_fiq
R9	R9	R9	R9	R9	R9_fiq
R10	R10	R10	R10	R10	R10_fiq
R11	R11	R11	R11	R11	R11_fiq
R12	R12	R12	R12	R12	R12_fiq
R13	R13_svc	R13_abt	R13_irq	R13_und	R13_fiq
R14	R14_svc	R14_abt	R14_irq	R14_und	R14_fiq
R15(PC)	R15(PC)	R15(PC)	R15(PC)	R15(PC)	R15(PC)
CPSR	CPSR	CPSR	CPSR	CPSR	CPSR
	SPSR_svc	SPSR_abt	SPSR_irq	SPSR_und	SPSR_fiq

▶ 标注的寄存器在物理空间上是独立的。

图 2-1　寄存器组织结构图

寄存器 R13 通常用作堆栈指针,称为 SP。每种异常模式都有自己的分组 R13。通常 R13 应当被初始化成指向异常模式分配的堆栈。在入口处,异常处理程序将用到的其他寄存器的值保存到堆栈中;返回时,重新将这些值加载到寄存器。这种异常处理方法保证了异常出现后不会导致执行程序的状态不可靠。

寄存器 R14 用作子程序链接寄存器,也称为链接寄存器 LR(Link Register)。当执行带链接分支(BL)指令时,得到 R15 的备份。

在其他情况下,将 R14(LR)做通用寄存器使用。类似地,当中断或异常出现时,或当中断或异常程序执行 BL 指令时,相应的分组寄存器 R14_svc、R14_irq、R14_fiq、R14_abt 和 R14_und 用来保存 R15(PC)的返回值。

FIQ 模式有 7 个分组的寄存器 R8~R14,映射为 R8_fiq~R14_fiq。在 ARM 状态下,许多 FIQ 处理没必要保存任何寄存器。User、IRQ、Supervisor、Abort 和 Undefined 模式每一种都包含两个分组的寄存器 R13 和 R14 的映射,允许每种模式都有自己的堆栈和链接寄存器。

(3) 程序计数器 R15。

寄存器 R15 用作程序计数器(PC)。在 ARM 状态,位[1:0]为 0,位[31:2]保存 PC。

在 Thumb 状态,位[0]为 0,位[31:1]保存 PC。R15 虽然也可用作通用寄存器,但一般不这么使用,因为对 R15 的使用有一些特殊的限制,当违反了这些限制时,程序的执行结果是未知的。

① 读程序计数器。指令读出的 R15 的值是指令地址加上 8 字节。由于 ARM 指令始终是字对齐的,所以读出结果值的位[1:0]总是 0(在 Thumb 状态下,情况有所变化)。读 PC 主要用于快速地对临近的指令和数据进行位置无关寻址,包括程序中的位置无关转移。

② 写程序计数器。写 R15 的通常结果是将写到 R15 中的值作为指令地址,并以此地址

发生转移。由于 ARM 指令要求字对齐，通常希望写到 R15 中值的位[1:0]＝0b00。

由于 ARM 体系结构采用了多级流水线技术，对 ARM 指令集而言，PC 总是指向当前指令的下两条指令的地址，即 PC 的值为当前指令的地址值加 8 个字节。

2）程序状态寄存器

寄存器 R16 用作程序状态寄存器 CPSR（current program status register，当前程序状态寄存器）。在所有处理器模式下都可以访问 CPSR。CPSR 包含条件码标志、中断禁止位、当前处理器模式以及其他状态和控制信息。每种异常模式都有一个程序状态保存寄存器 SPSR（saved program status register）。当异常出现 SPSR 用于保留 CPSR 的状态。

CPSR 寄存器结构如图 2-2 所示。

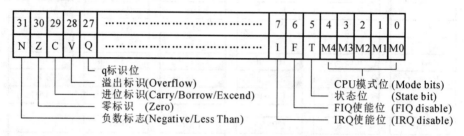

图 2-2　CPSR 寄存器结构

（1）条件码标志。

N、Z、C、V（negative、zero、carry、overflow）均为条件码标志位（condition code flags）。它们的内容可被算术或逻辑运算的结果所改变，并且可以决定某条指令是否被执行，如表 2-1 所示。CPSR 中的条件码标志可由大多数指令检测以决定指令是否执行。在 ARM 状态下，绝大多数的指令都是有条件执行的。在 Thumb 状态下，仅有分支指令是有条件执行的。

表 2-1　CPST 条件码标志

标 志 位	含 　义
N	当用两个补码表示的带符号数进行运算时，N＝1 表示运算的结果为负数；N＝0 表示运算的结果为正数或零
Z	Z＝1 表示运算的结果为零，Z＝0 表示运算的结果非零
C	可以有 4 中方法设置 C 位： —加法运算（包括 CMP）：当运算结果产生了进位时（无符号数溢出），C＝1，否则 C＝0 　减法运算（包括 CMP）：当运算时产生了借位时（无符号数溢出），C－0，否则 C－1 —对于包含移位操作的非加/减运算指令，C 为移出值的最后一位 —对于其他的非加/减运算指令，C 的值通常不会改变
V	可以有 2 种方法设置 V 的值： —对于加减法运算指令，当操作数和运算结果为二进制的补码表示的带符号数时，V＝1 表示符号位溢出 —对于其他的非加/减运算指令，V 的值通常不会改变
Q	在 ARM V5 及以上版本的 E 系列处理器中，用 Q 标志位指示增强的 DSP 运算指令是否发生了溢出。同样的 spsr 的 bit[27]位也称为 q 标识位，用于在异常中断发生时保存和恢复 CPSR 中的 Q 标识位。在 ARM V5 以前的版本及 ARM V5 的非 E 系列的处理器中，Q 标志位无定义

通常条件码标志通过执行比较指令（CMN、CMP、TEQ、TST）、一些算术运算、逻辑运算和传送指令进行修改。

（2）控制位。

程序状态寄存器 PSR（Program Status Register）的最低 8 位 I、F、T 和 M[4:0]用作控制位，每位的含义如表 2-2 所示。当异常出现时改变控制位。处理器在特权模式下时可由软件改变。

表 2-2　控制表含义表

标 志 位	含 义
I	IRQ 中断禁止位。置 1 时，禁止 IRQ 中断
F	FIQ 中断禁止位。置 1 时，禁止 FIQ 中断
T	该位反映处理器的运行状态。当该位为 1 时，程序运行于 THUMB 状态，否则运行于 ARM 状态。该信号反映在外部引脚 TBIT 上。在程序中不得修改 CPSR 中的 TBIT 位，否则处理器工作状态不能确定
M4-M0	这几位是模式位，这些位决定了处理器的运行模式

位模式含义表如表 2-3 所示。

表 2-3　位模式含义表

M[4:0]内容	处理器模式	ARM 模式可访问的寄存器	THUMB 模式可访问的寄存器
0b10000	用户模式	PC,CPSR,R0~R14	PC,CPSR,R0~R7,LR,SP
0b10001	FIQ 模式	PC,CPSR,SPSR_fiq, R14_fiq~R8_fiq,R0~R7	PC,CPSR,SPSR_fiq, LR_fiq,SP_fiq,R0~R7
0b10010	IRQ 模式	PC,CPSR,SPSR_irq, R14_irq~R13_irq,R0~R12	PC,CPSR,SPSR_irq, LR_irq,SP_irq,R0~R7
0b10011	管理模式	PC,CPSR,SPSR_svc, R14_svc~R13_svc,R0~R12	PC,CPSR,SPSR_svc, LR_svc,SP_svc,R0~R7
0b10111	中止模式	PC,CPSR,SPSR_abt, R14_abt~R13_abt,R0~R12	PC,CPSR,SPSR_abt, LR_abt,SP_abt,R0~R7
0b11011	未定义模式	PC,CPSR,SPSR_und, R14_und~R13_und,R0~R12	PC,CPSR,SPSR_und, LR_und,SP_und,R0~R7
0b11111	系统模式	PC,CPSR,R0~R14	PC,CPSR,LR,SP,R0~R7

3. Thumb 状态的寄存器集

Thumb 状态下的寄存器集如图 2-3 所示。程序员可以直接访问 8 个通用寄存器（R0~R7）、PC、SP、LR 和 CPSR。每一种特权模式都有一组 SP、LR 和 SPSR。

Thumb 状态下 R0~R7 与 ARM 状态 R0~R7 是一致的；

Thumb 状态下 CPSR 和 SPSR 与 ARM 状态 CPSR 和 SPSR 是一致的；

Thumb 状态下 SP 映射到 ARM 状态 SP（R13）；

Thumb 状态下 LR 映射到 ARM 状态 LR（R14）；

Thumb 状态下 PC 映射到 ARM 状态 PC（R15）；

系统和用户模式	管理模式	中止模式	中断模式	未定义模式	快速中断模式
R0	R0	R0	R0	R0	R0
R1	R1	R1	R1	R1	R1
R2	R2	R2	R2	R2	R2
R3	R3	R3	R3	R3	R3
R4	R4	R4	R4	R4	R4
R5	R5	R5	R5	R5	R5
R6	R6	R6	R6	R6	R6
R7	R7	R7	R7	R7	R7
SP	SP_svc	SP_abt	SP_irq	SP_und	SP_fiq
LR	LR_svc	LR_abt	LR_irq	LR_und	LR_fiq
PC	PC	PC	PC	PC	PC
CPSR	CPSR	CPSR	CPSR	CPSR	CPSR
	SPSR_svc	SPSR_abt	SPSR_irq	SPSR_und	SPSR_fiq

图 2-3　Thumb 状态下寄存器集

Thumb 状态下与 ARM 状态的寄存器关系如图 2-4 所示。

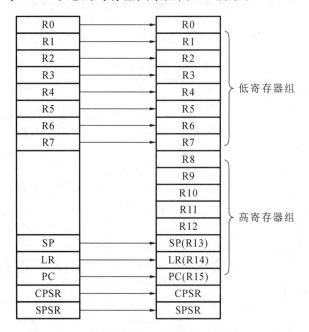

图 2-4　Thumb 状态与 ARM 状态的寄存器关系

2.2.2　异常处理

在一个正常的程序流程执行过程中,由内部或外部源产生的一个事件使正常的程序产生暂时的停止时,称为异常。异常是由内部或外部源产生并引起处理器处理一个事件,例如一个外部的中断请求。在处理异常之前,当前处理器的状态必须保留,当异常处理完成之后,恢复保留的当前处理器状态,继续执行当前程序。多个异常同时发生时,处理器将会按固定的优先级进行处理。

ARM 体系结构中的异常,与单片机的中断有相似之处,但异常与中断的概念并不完全等同,例如外部中断或试图执行未定义指令都会引起异常。

1. ARM 体系结构的异常类型

ARM 体系结构支持 7 种类型的异常,异常类型、异常处理模式和优先级如表 2-4 所示。异常出现后,强制从异常类型对应的固定存储器地址开始执行程序。这些固定的地址称为异常向量(Exception Vectors)。

表 2-4 异常类型及异常处理模式

异常类型	异常	进入模式	地址(异常向量)	优先级
复位	复位	管理模式	0x0000,0000	1(最高)
未定义指令	未定义指令	未定义模式	0x0000,0004	6(最低)
软件中断	软件中断	管理模式	0x0000,0008	6(最低)
指令预取中止	中止(预取指令)	中止模式	0x0000,000C	5
数据中止	中止(数据)	中止模式	0x0000,0010	2
IRQ(外部中断请求)	IRQ	IRQ	0x0000,0018	4
FIQ(快速中断请求)	FIQ	FIQ	0x0000,001C	3
异常类型	异常	进入模式	地址(异常向量)	优先级

2. 异常类型的含义

1)复位

当处理器的复位电平有效时,产生复位异常,ARM 处理器立刻停止执行当前指令。复位后,ARM 处理器在禁止中断的管理模式下,程序跳转到复位异常处理程序处执行(从地址 0x00000000 或 0xFFFF0000 开始执行指令)。

2)未定义指令异常

当 ARM 处理器或协处理器遇到不能处理的指令时,产生未定义指令异常。当 ARM 处理器执行协处理器指令时,它必须等待任一外部协处理器应答后,才能真正执行这条指令。若协处理器没有响应,就会出现未定义指令异常。若试图执行未定义的指令,也会出现未定义指令异常。未定义指令异常可用于在没有物理协处理器(硬件)的系统上,对协处理器进行软件仿真,或在软件仿真时进行指令扩展。

3)软件中断异常(soft ware interrupt,SWI)

软件中断异常由执行 SWI 指令产生,可使用该异常机制实现系统功能调用,用于用户模式下的程序调用特权操作指令,以请求特定的管理(操作系统)函数。

4)指令预取中止

若处理器预取指令的地址不存在,或该地址不允许当前指令访问,存储器会向处理器发出存储器中止(Abort)信号,但当预取的指令被执行时,才会出现指令预取中止异常。

5)数据中止(数据访问存储器中止)

若处理器数据访问指令的地址不存在,或该地址不允许当前指令访问时,产生数据中止异常。存储器系统发出存储器中止信号。响应数据访问(加载或存储)激活中止,标记数据为无效。在后面的任何指令或异常改变 CPU 状态之前,数据中止异常发生。

6）外部中断请求（IRQ）异常

当处理器的外部中断请求引脚有效，且 CPSR 中的 I 位为 0 时，产生 IRQ 异常。系统的外设可通过该异常请求中断服务。IRQ 异常的优先级比 FIQ 异常的低。当进入 FIQ 处理时，会屏蔽 IRQ 异常。

7）快速中断请求（FIQ）异常

当处理器的快速中断请求引脚有效，且 CPSR 中的 F 位为 0 时，产生 FIQ 异常。FIQ 支持数据传送和通道处理，并有足够的私有寄存器。

3. 异常的响应过程

当一个异常出现以后，ARM 微处理器会执行以下几步操作。

（1）将下一条指令的地址存入相应连接寄存器 LR，以便程序在处理异常返回时能从正确的位置重新开始执行。若异常是从 ARM 状态进入，LR 寄存器中保存的是下一条指令的地址（当前 PC＋4（Thumb）或 PC＋8（ARM），与异常的类型有关）；若异常是从 Thumb 状态进入，则在 LR 寄存器中保存当前 PC 的偏移量。

（2）将 CPSR 状态传送到相应的 SPSR 中。

（3）根据异常类型，强制设置 CPSR 的运行模式位。

（4）强制 PC 从相关的异常向量地址取下一条指令执行，跳转到相应的异常处理程序。还可以设置中断禁止位，以禁止中断发生。

如果异常发生时，处理器处于 Thumb 状态，则当异常向量地址加载入 PC 时，处理器自动切换到 ARM 状态。

异常处理完毕之后，ARM 微处理器会执行以下几步操作从异常返回。

（1）将连接寄存器 LR 的值减去相应的偏移量后送到 PC 中。

（2）将 SPSR 内容送回 CPSR 中。

（3）若在进入异常处理时设置了中断禁止位，要在此清除。

可以认为应用程序总是从复位异常处理程序开始执行的，因此复位异常处理程序不需要返回。

4. 应用程序中的异常处理

在应用程序的设计中，异常处理采用的方式是在异常向量表中的特定位置放置一条跳转指令，跳转到异常处理程序。当 ARM 处理器发生异常时，程序计数器 PC 会被强制设置为对应的异常向量，从而跳转到异常处理程序，当异常处理完成以后，返回到主程序继续执行。

2.2.3　存储结构及存储格式

ARM 体系结构允许使用现有的存储器和 I/O 器件进行各种各样的存储器系统设计。

1. 地址空间

ARM 体系结构使用 2^{32} 个字节的单一、线性地址空间。将字节地址作为无符号数看待，范围为 $0 \sim 2^{32}-1$。

2. 存储器格式

在 ARM 体系结构中，每个字单元包含 4 字节单元或者 2 个半字单元，1 个半字单元包含 2 字节单元。但是在字单元中，4 字节哪一个是高位字节，哪一个是低位字节则有两种不同的格式,通常称为大端格式或者小端格式,也就是 big-endian 格式和 little-endian 格式。大/小端的选择对于不同的芯片来说有一些不同的选择方式,一般都可以通过外部的引脚或内部的寄存器来选择。具体要参见处理器的数据手册。

大端模式,是指数据的高位,保存在内存的低地址中,而数据的低位,保存在内存的高地址中,这样的存储模式有点儿类似于把数据当作字符串顺序处理:地址由小向大增加,而数据从高位往低位放。

小端模式,是指数据的高位保存在内存的高地址中,而数据的低位保存在内存的低地址中,这种存储模式将地址的高低和数据位权有效地结合起来,高地址部分权值高,低地址部分权值低,和我们的逻辑方法一致。

对于字对齐的地址 A,地址空间规则要求如下。

(1) 地址位于 A 的字由地址为 A、A+1、A+2 和 A+3 的字节组成。

(2) 地址位于 A 的半字由地址为 A 和 A+1 的字节组成。

(3) 地址位于 A+2 的半字由地址为 A+2 和 A+3 的字节组成。

(4) 地址位于 A 的字由地址为 A 和 A+2 的半字组成。

ARM 存储系统可以使用小端存储或者大端存储两种方法,大端存储和小端存储格式如图 2-5 所示。

31 24	23 16	15 8	7 8
地址 A 的字			
地址 A 的半字		地址 A+2 的半字	
地址 A 的字节	地址 A+1 的字节	地址 A+2 的字节	地址 A+3 的字节

(a) 大端存储系统

31 24	23 16	15 8	7 8
地址 A 的字			
地址 A+2 的半字		地址 A 的半字	
地址 A+3 的字节	地址 A+2 的字节	地址 A+1 的字节	地址 A 的字节

(b) 小端存储系统

图 2-5 大端存储和小端存储格式

ARM 体系结构通常希望所有的存储器访问能适当地对齐。特别是用于字访问的地址通常应当字对齐,用于半字访问的地址通常应当半字对齐。未按这种方式对齐的存储器访问称作非对齐的存储器访问。

若在 ARM 态执行期间,将没有字对齐的地址写到 R15 中,那么结果通常是不可预知或者地址的位[1:0]被忽略。若在 Thumb 态执行期间,将没有半字对齐的地址写到 R15 中,则地址的位[0]通常忽略。

例 2-1 假设 A 的地址为 0xC2000000,A 地址中的内容为 0x12345678,画出大、小端存储地址对应数据。

解答如图 2-6 所示。

	31	24	23	16	15	8	7	0
地址	0xC2000000							
数据	0x12345678							
地址	0xC2000000				0xC2000002			
数据	0x1234				0x5678			
地址	0xC2000000		0xC2000001		0xC2000002		0xC2000003	
数据	0x12		0x34		0x56		0x78	

(a) 大端存储系统

	31	24	23	16	15	8	7	0
地址	0xC2000000							
数据	0x12345678							
地址	0xC2000002				0xC2000000			
数据	0x1234				0x5678			
地址	0xC2000003		0xC2000002		0xC2000001		0xC2000000	
数据	0x12		0x34		0x56		0x78	

(b) 小端存储系统

图 2-6　大、小端存储地址对应数据

3. ARM 存储器结构

ARM 处理器有的带有指令 Cache 和数据 Cache，但不带有片内 RAM 和片内 ROM。系统所需的 RAM 和 ROM（包括 Flash）都通过总线外接。由于系统的地址范围较大（$2^{32} = 4GB$），有的片内还带有存储器管理单元 MMU（Memory Management Unit）。ARM 架构处理器还允许外接 PCMCIA。

4. 存储器映射 I/O

ARM 系统使用存储器映射 I/O。I/O 口使用特定的存储器地址，当从这些地址加载（用于输入）或向这些地址存储（用于输出）时，完成 I/O 功能。加载和存储也可用于执行控制功能，代替或者附加到正常的输入或输出功能。然而，存储器映射 I/O 位置的行为通常不同于对一个正常存储器位置所期望的行为。例如，从一个正常存储器位置两次连续的加载，每次返回的值相同。而对存储器映射 I/O 位置，第 2 次加载的返回值可以不同于第 1 次加载的返回值。

2.2.4　ARM 微处理器的接口

1. ARM 协处理器接口

为了便于片上系统 SoC 的设计，ARM 可以通过协处理器（CP）来支持一个通用指令集的扩充，通过增加协处理器来增加系统的功能。在逻辑上，ARM 可以扩展 16 个（CP15～CP0）协处理器，其中：CP15 作为系统控制，CP14 作为调试控制器，CP7～4 作为用户控制器，CP13～8 和 CP3～0 保留。每个协处理器可有 16 个寄存器。例如 MMU 和保护单元的系统控制都采用 CP15 协处理器；JTAG 调试中的协处理器为 CP14，即调试通信通道 DCC（debug communication channel）。

ARM 处理器内核与协处理器接口有以下 4 类：

（1）时钟和时钟控制信号：MCLK、nWAIT、nRESET。

（2）流水线跟随信号：nMREQ、SEQ、nTRANS、nOPC、TBIT。

（3）应答信号：nCPI、CPA、CPB。

（4）数据信号：D[31:0]、DIN[31:0]、DOUT[31:0]。

协处理器采用流水线结构。为了保证与 ARM 处理器内核中的流水线同步，在每一个协处理器内需有 1 个流水线跟随器（Pipeline Follower），用来跟踪 ARM 处理器内核流水线中的指令。由于 ARM 的 Thumb 指令集无协处理器指令，协处理器还必须监视 TBIT 信号的状态，以确保不把 Thumb 指令误解为 ARM 指令。

协处理器也采用 Load/Store 结构，用指令来执行寄存器的内部操作，从存储器取数据至寄存器或把寄存器中的数保存至存储器中，以及实现与 ARM 处理器内核中寄存器之间的数据传送。而这些指令都由协处理器指令来实现。

2. ARM AMBA 接口

ARM 处理器内核可以通过先进的微控制器总线架构 AMBA（advanced microcontroller bus architecture）来扩展不同体系架构的宏单元及 I/O 部件。AMBA 已成为事实上的片上总线 OCB（on chip bus）标准。

AMBA 有 AHB（advanced high-performance bus，先进高性能总线）、ASB（advanced system bus，先进系统总线）和 APB（advanced peripheral bus，先进外围总线）等三类总线。

ASB 是目前 ARM 常用的系统总线，用来连接高性能系统模块，支持突发（burst）方式数据传送。

AHB 不但支持突发方式的数据传送，而且支持分离式总线事务处理，以进一步提高总线的利用效率。特别在高性能的 ARM 架构系统中，AHB 有逐步取代 ASB 的趋势，例如在 ARM1020E 处理器核中。

APB 为外围宏单元提供了简单的接口，也可以把 APB 看作 ASB 的余部。

AMBA 通过测试接口控制器 TIC（test interface controller）提供了模块测试的途径，允许外部测试者作为 ASB 总线的主设备来分别测试 AMBA 上的各个模块。

AMBA 中的宏单元也可以通过 JTAG 方式进行测试。虽然 AMBA 的测试方式通用性稍差些，但其通过并行口的测试比 JTAG 的测试代价也要低些。

一个基于 AMBA 的典型系统如图 2-7 所示。

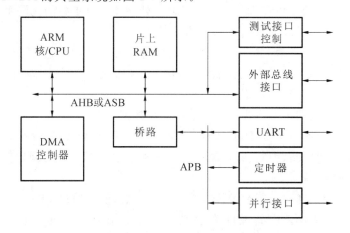

图 2-7　基于 AMBA 的典型系统结构图

3. ARM I/O 结构

ARM 处理器内核一般都没有 I/O 的部件和模块。ARM 处理器中的 I/O 可通过 AMBA 总线来扩充。ARM 采用了存储器映像 I/O 的方式,即把 I/O 端口地址作为特殊的存储器地址。一般的 I/O,如串行接口,它有若干个寄存器,包括发送数据寄存器(只写)、数据接收寄存器(只读)、控制寄存器、状态寄存器(只读)和中断允许寄存器等。这些寄存器都需相应的 I/O 端口地址。应注意的是存储器的单元可以重复读多次,其读出的值是一致的;而 I/O 设备的连续 2 次输入,其输入值可能不同。

在许多 ARM 体系结构中 I/O 单元对于用户是不可访问的,只可以通过系统管理调用或通过 C 的库函数来访问。ARM 架构的处理器一般都没有 DMA(直接存储器存取)部件,只有一些高档的 ARM 架构处理器才具有 DMA 的功能。为了能提高 I/O 的处理能力,对于一些要求 I/O 处理速率比较高的事件,系统安排了快速中断 FIQ(fast interrupt request),而对其余的 I/O 源仍安排一般中断 IRQ。

为提高中断响应的速度,在设计中可以采用以下办法。

(1)提供大量后备寄存器,在中断响应及返回时,作为保护现场和恢复现场的上下文切换(context switching)之用。

(2)采用片内 RAM 的结构,这样可以加速异常处理(包括中断)的进入时间。

(3)快存 Cache 和地址变换后备缓冲器 TLB(translation lookaside buffer)采用锁住(locked down)方式以确保临界代码段不受"不命中"的影响。

2.2.5 ARM 微处理器指令系统

ARM 微处理器的指令集是加载/存储型的,即指令集仅能处理寄存器中的数据,且处理结果都要放回寄存器中,而对系统存储器的访问则需要通过专门的加载/存储指令来完成。

ARM 微处理器的指令集可以分为跳转指令、数据处理指令、程序状态寄存器(PSR)处理指令、加载/存储指令、协处理器指令和异常产生指令六大类,详见第三章。

2.3 ARM 微处理器结构特点

1. 采用 RISC 架构的 ARM 微处理器特点

(1)支持 Thumb(16 位)/ARM(32 位)双指令集,能很好地兼容 8 位/16 位器件。Thumb 指令集比通常的 8 位和 16 位 CISC/RISC 处理器具有更好的代码密度。

(2)指令执行采用 3 级流水线/5 级流水线技术。

(3)带有指令 Cache 和数据 Cache,大量使用寄存器,指令执行速度更快。大多数数据操作都在寄存器中完成。寻址方式灵活简单,执行效率高。指令长度固定(在 ARM 状态下是 32 位,在 Thumb 状态下是 16 位)。

(4)支持大端格式和小端格式两种方法存储字数据。

(5)支持 Byte(字节,8 位)、Halfword(半字,16 位)和 Word(字,32 位)三种数据类型。

(6)支持用户、快中断、中断、管理、中止、系统和未定义等 7 种处理器模式,除了用户模式外,其余的均为特权模式。

(7)处理器芯片上都嵌入了在线仿真 ICE-RT 逻辑,便于通过 JTAG 来仿真调试 ARM 体系结构芯片,可以避免使用昂贵的在线仿真器。另外,在处理器核中还可以嵌入跟踪宏单元 ETM,用于监控内部总线,实时跟踪指令和数据的执行。

(8)具有片上总线 AMBA(advanced micro-controller bus architecture)。AMBA 定义

了 3 组总线：先进高性能总线 AHB(advanced high performance bus)；先进系统总线 ASB
(advanced system bus)；先进外围总线 APB(advanced peripheral bus)。通过 AMBA 可以
方便地扩充各种处理器及 I/O，可以把 DSP、其他处理器和 I/O(如 UART、定时器和接口
等)都集成在一块芯片中。

(9) 采用存储器映像 I/O 的方式，即把 I/O 端口地址作为特殊的存储器地址。

(10) 具有协处理器接口。ARM 允许接 16 个协处理器，如 CP15 用于系统控制，CP14
用于调试控制器。

(11) 采用了降低电源电压，可工作在 3.0V 以下；减少门的翻转次数，当某个功能电路
不需要时禁止门翻转；减少门的数目，即降低芯片的集成度；降低时钟频率等一些措施降低
功耗。

2. 一个典型的 ARM 体系结构

它包含有 32 位 ALU、31 个 32 位通用寄存器及 6 位状态寄存器、32×8 位乘法器、32×
32 位桶形移位寄存器、指令译码及控制逻辑、指令流水线和数据/地址寄存器等。

1) ALU

ARM 体系结构的 ALU 与常用的 ALU 逻辑结构基本相同，由两个操作数锁存器、加法
器、逻辑功能、结果及零检测逻辑构成。ALU 的最小数据通路周期包含寄存器读时间、移位
器延迟、ALU 延迟、寄存器写建立时间、双相时钟间非重叠时间等几部分。

2) 桶形移位寄存器

ARM 采用了 32×32 位桶形移位寄存器，左移/右移 n 位、环移 n 位和算术右移 n 位等
都可以一次完成，可以有效地减少移位的延迟时间。在桶形移位寄存器中，所有的输入端通
过交叉开关(Crossbar)与所有的输出端相连。交叉开关采用 NMOS 晶体管来实现。

3) 高速乘法器

ARM 为了提高运算速度，采用两位乘法的方法，2 位乘法可根据乘数的 2 位来实现"加-
移位"运算。ARM 的高速乘法器采用 32×8 位的结构，完成 32×2 位乘法也只需 5 个时钟
周期。

4) 浮点部件

在 ARM 体系结构中，浮点部件作为选件可根据需要选用，FPA10 浮点加速器以协处理
器方式与 ARM 相连，并通过协处理器指令的解释来执行。浮点的 Load/Store 指令使用频
度要达到 67%，故 FPA10 内部也采用 Load/Store 结构，有 8 个 80 位浮点寄存器组，指令执
行也采用流水线结构。

5) 控制器

ARM 的控制器采用硬接线的可编程逻辑阵列 PLA，其输入端有 14 根、输出端有 40
根，分散控制 Load/Store 多路、乘法器、协处理器以及地址、寄存器 ALU 和移位器。

6) 寄存器

ARM 内含 37 个寄存器，包括 31 个通用 32 位寄存器和 6 个状态寄存器。

➤ *2.4* ARM 和 Thumb 工作状态

近年来，32 位 RISC 芯片性价比快速提高，使得基于 32 位处理器(特别是 ARM)的嵌入
式应用迅猛地上升。在 32 位控制器领域，ARM 架构的芯片占据了 60%~70% 的市场。在
ARM 体系中有一些特定功能称为 ARM 体系的变种(variant)，其中支持 Thumb 指令集，
称为 T 变种。这样 ARM 微处理器就有两种工作状态 ARM/Thumb，并可在两种状态之间

切换。只要遵循 ATPCS 调用规则,Thumb 子程序和 ARM 子程序就可以互相调用。在这种嵌入式系统软件开发中,为了增强系统的灵活性以及提高系统的整体性能经常需要 使用 16 位的 Thumb 指令。如何有效、准确地使用 ARM/Thumb 状态切换(interworking)是关系到整个系统成败的关键环节,也是在具体项目开发过程中相对比较难掌握的内容。本节主要介绍 ARM 体系结构中的 ARM/Thumb 状态切换(interworking)。

2.4.1 ARM/Thumb 指令的性能比较

在 ARM 处理器中,内核同时支持 32 位的 ARM 指令和 16 位的 Thumb 令。对 ARM 指令来说,所有的指令长度都是 32 位,并且执行周期大多为单周期,指令都是有条件执行的。Thumb 指令的特点如下。

(1) 指令执行条件经常不会使用。

(2) 源寄存器与目标寄存器经常是相同的。

(3) 使用的寄存器数量比较少。

(4) 常数的值比较小。

(5) 内核中的桶式移位器(barrel shifter)经常是不使用的。

16 位的 Thumb 指令一般可以完成和 32 位 ARM 相同的任务。当用户使用 C 程序来处理应用时,如果编译为 Thumb 指令,那么它的目标代码大小只有编译为 ARM 指令时的 65%左右,这样就增加了指令密度。从另一方面来看,处理器在这两种状态下的性能是依赖于指令执行的存储器的宽度的。在 16-bit 内存上,即使有比 ARM 多的代码,这时 Thumb 性能也较好,因为 Thumb 每一条指令预取需要一个周期而每条 ARM 指令需要两个周期。另外在 16-bit 内存上,Thumb 的性能降低了;这是因为数据去操作和特殊的堆栈操作,即使在 Thumb 下,堆栈操作仍是 32-bit 操作,导致低的性能在 16-bit 内存架构上。一个改进的方法是提供 32-bit 的内存来放置堆栈。在这种情况下的性能提高到了 32-bit 内存架构的水平。主要的差别是因为使用的整型的(32-bit)全局数据将仍被存储在 16-bit 内存上。另外,与 ARM 代码相比较,使用 Thumb 代码,存储器的功耗会降低约 30%。

ARM 指令集和 Thumb 指令集各有其优点,若对系统的执行效率有较高的要求,应使用 32 位的存储系统和 ARM 指令集,若对系统的成本及功耗 有较高的要求,则应使用 16 为的存储系统和 Thumb 指令集。当然,若两者结合使用,充分发挥其各自的优点,会取得更好的效果。

2.4.2 切换的基本概念及切换时的了函数调用

在实际系统应用中,因为 ARM/Thumb 指令具有不同的特点,所以不同的场合开发人员会有不同的选择。Thumb 指令低密度及在窄存储器时性能高的特点使得它在大多数基于 C 代码的系统中有非常广泛的应用,但是有些场合中系统只能使用 ARM 指令,比如:如果对于速度有比较高的要求,ARM 指令在宽存储器中会提供更高的性能;某些功能只能由 ARM 指令来实现 ,比如:访问 CPSR 寄存器来使能/禁止中断或者改变处理器工作模式;访问协处理器 CP15;执行 C 代码不支持的 DSP 算术指令;异常中断(exception)处理。在进入异常中断后,内核自动切换到 ARM 状态。即在异常中断处理程序入口的一些指令是 ARM 指令,然后根据需要程序可以切换到 Thumb 状态,在异常中断处理程序返回前,程序再切换到 ARM 状态。

ARM 处理器总是从 ARM 状态开始执行。因而,如果要在调试器中运行 Thumb 程序,必须为该 Thumb 程序添加一个 ARM 程序头,然后再切换到 Thumb 状态,调用该 Thumb 程序。

所以在实际系统中,内核状态需要经常的切换(Interworking)来满足系统性能需求。具体的切换是通过 Branch Exchange—即 BX 指令 来实现的。指令格式为:

```
Thumb 状态
BX Rn
ARM 状态
BX< condition>  Rn
```

其中 Rn 可以是寄存器 R0—R15 中的任意一个。指令可以通过将寄存器 Rn 的内容拷贝到程序计数器 PC 来完成在 4Gbyte 地址空间中的绝对跳转,而状态切换是由寄存器 Rn 的最低位来指定的,如果操作数寄存器的状态位 Bit0＝0,则进入 ARM 状态,如果 Bit0＝1,则进入 Thumb 状态。

下面是某系统中使用的程序切换实例。

```
CODE32 //ARM 状态下的代码
LDR R0, = Goto_Thumb+ 1
//产生跳转地址并且设置最低位
BX R0
//Branch Exchange 进入 Thumb 状态

...

CODE16 //Thumb 状态下的子函数
...


LDR R3, = Back_to_ARM
//产生字对齐的跳转地址,最低位被清除


BX R3


//Branch Exchange 返回到 ARM 状态


CODE32 //ARM 状态下的子函数


Bach_to_ARM


...
```

在上面的程序中,CODE16/CODE32 伪指令告诉汇编编译器后面的指令序列分别为 Thumb/ARM 指令。

在非 Interworking 函数调用中,调用函数使用 BL(Branch with Link)指令,即将返回地址保存在连接寄存器 LR 中,同时跳转到被调用的子函数程序入口。从子函数返回时执行指令 MOV PC, LR(当然也可能是其他形式的指令,如出栈指令)将 LR 值直接放入 PC 中,从而返回到调用函数中的下一条指令的地址,然后继续执行程序。

2.5 流水线技术

处理器按照一系列步骤来执行每一条指令,典型的步骤如下。

(1) 从存储器读取指令(fetch)。

(2) 译码以鉴别它是属于哪一条指令(dec)。

(3) 从指令中提取指令的操作数(这些操作数往往存在于寄存器中)(reg)。

(4) 将操作数进行组合以得到结果或存储器地址(ALU)。

(5) 如果需要,则访问存储器以存储数据(mem)。

(6) 将结果写回到寄存器堆(res)。

并不是所有的指令都需要上述每一个步骤,但是,多数指令需要其中的多个步骤。这些步骤往往使用不同的硬件功能,例如,ALU 可能只在第 4 步中用到。因此,如果一条指令不是在前一条指令结束之前就开始,那么在每一步骤内处理器只有少部分的硬件在使用。

有一种方法可以明显改善硬件资源的使用率和处理器的吞吐量。这就是当前一条指令结束之前就开始执行下一条指令,即通常所说的流水线(Pipeline)技术。流水线是 RISC 处理器执行指令时采用的机制。使用流水线,可在取下一条指令的同时译码和执行其他指令,从而加快执行的速度。可以把流水线看作是汽车生产线,每个阶段只完成专门的处理器任务。

采用上述操作顺序,处理器可以这样来组织:当一条指令刚刚执行完步骤(1)并转向步骤(2)时,下一条指令就开始执行步骤(1)。图 2-8 说明了这个过程。从原理上说,这样的流水线应该比没有重叠的指令执行快 6 倍,但由于硬件结构本身的一些限制,实际情况会比理想状态差一些。

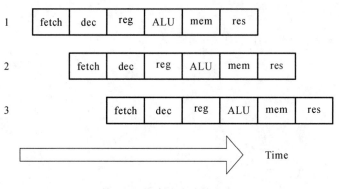

图 2-8 指令流水线执行图

思考与练习

1. 常见的 ARM 处理器种类有哪些?各有什么特点?

2. ARM 处理器有哪些存储结构与存储格式?

3. 简述 ARM 微处理器的结构特点。

第❸章 ARM 微处理器指令系统

本章介绍 ARM 指令集、Thumb 指令集，以及各类指令对应的寻址方式，通过对本章的学习，希望读者能了解 ARM 微处理器所支持的指令集及具体的使用方法。

本章的主要内容：

- ARM 指令集、Thumb 指令集概述。
- ARM 指令集的分类与具体应用。
- Thumb 指令集简介及应用场合。

3.1 ARM 指令的基本寻址方式

寻址方式是根据指令中给出的地址码字段来实现寻找真实操作数地址的方式，ARM 处理器有 9 种基本寻址方式。

1. 寄存器寻址

操作数的值在寄存器中，指令中的地址码字段给出的是寄存器编号，寄存器的内容是操作数，指令执行时直接取出寄存器值操作。

例如指令：

```
MOV     R1,R2           ;R1←R2
SUB     R0,R1,R2        ;R0←R1- R2
```

2. 立即寻址

在立即寻址指令中数据就包含在指令当中，立即寻址指令的操作码字段后面的地址码部分就是操作数本身，取出指令也就取出了可以立即使用的操作数（也称为立即数）。立即数要以"＃"为前缀，表示 16 进制数值时以"0x"表示。

例如指令：

```
ADD     R0,R0,# 1       ;R0←R0＋1
MOV     R0,# 0xff00     ;R0←0xff00
```

3. 寄存器移位寻址

寄存器移位寻址是 ARM 指令集特有的寻址方式。第 2 个寄存器操作数在与第 1 个操作数结合之前，先进行移位操作。

例如指令：

```
MOV     R0,R2,LSL # 3   ;R2 的值左移 3 位,结果放入 R0,即 R0= R2 *  8
ANDS    R1,R1,R2,LSL R3 ;R2 的值左移 R3 位,然后与 R1 相"与",结果放入 R1
```

4. 寄存器间接寻址

指令中的地址码给出的是一个通用寄存器编号，所需要的操作数保存在寄存器指定地址的存储单元中，即寄存器为操作数的地址指针，操作数存放在存储器中。

例如指令：

```
ADD R0,R1,[R2]                          ;R0←R1＋[R2]
LDR R0,[R1]   ;R0←[R1]
STR R0,[R1]   ;[R1]←R0
```

在第一条指令中，以寄存器 R2 的值作为操作数的地址，在存储器中取得一个操作数后与 R1 相加,结果存入寄存器 R0 中。

第二条指令将以 R1 的值为地址的存储器中的数据传送到 R0 中。

第三条指令将 R0 的值传送到以 R1 的值为地址的存储器中。

5. 变址寻址

变址寻址是将基址寄存器的内容与指令中给出的偏移量相加,形成操作数的有效地址,变址寻址用于访问基址附近的存储单元,常用于查表、数组操作、功能部件寄存器访问等。采用变址寻址方式的指令常见有以下几种形式。

例如指令:

```
LDR R0,[R1,# 4]              ;R0←[R1+4]
LDR R0,[R1,4]!              ;R0←[R1+4],R1←R1+4
LDR R0,[R1],# 4             ;R0←[R1],R1←R1+4
LDR R0,[R1,R2]             ;R0←[R1+R2]
```

在第一条指令中,将寄存器 R1 的内容加上 4 形成操作数的有效地址,从而取得操作数存入寄存器 R0 中。

在第二条指令中,将寄存器 R1 的内容加上 4 形成操作数的有效地址,从而取得操作数存入寄存器 R0 中,然后,R1 的内容自增 4 个字节。

在第三条指令中,以寄存器 R1 的内容作为操作数的有效地址,从而取得操作数存入寄存器 R0 中,然后,R1 的内容自增 4 个字节。

在第四条指令中,将寄存器 R1 的内容加上寄存器 R2 的内容形成操作数的有效地址,从而取得操作数存入寄存器 R0 中。

6. 多寄存器寻址

采用多寄存器寻址方式,一条指令可以完成多个寄存器值的传送。这种寻址方式用一条指令最多可以完成 16 个寄存器值的传送。

例如指令:

```
LDMIA     R0,{R1,R2,R3,R4}     ;R1←[R0]
                               ;R2←[R0+4]
                               ;R3←[R0+8]
                               ;R4←[R0+12]
```

该指令的后缀 IA 表示在每次执行完加载/存储操作后,R0 按字长度增加,因此,指令可将连续存储单元的值传送到 R1~R4。

7. 堆栈寻址

堆栈是一种数据结构,堆栈是按特定顺序进行存取的存储区,操作顺序分为"后进先出"和"先进后出",堆栈寻址是隐含的,它使用一个专门的寄存器(堆栈指针)指向一块存储区域(堆栈),指针所指向的存储单元就是堆栈的栈顶。存储器堆栈可分为以下两种。

(1)向上生长:向高地址方向生长,称为递增堆栈(ascending stack)。

(2)向下生长:向低地址方向生长,称为递减堆栈(decending stack)。

堆栈指针指向最后压入堆栈的有效数据项,称为满堆栈(full stack);堆栈指针指向下一个要放入的空位置,称为空堆栈(empty stack)。

这样就有四种类型的堆栈工作方式,ARM 微处理器支持这四种类型的堆栈工作方式。

满递增堆栈:堆栈指针指向最后压入的数据,且由低地址向高地址生成。如指令 LDMFA、STMFA 等。

满递减堆栈：堆栈指针指向最后压入的数据，且由高地址向低地址生成。如指令 LDMFD、STMFD 等。

空递增堆栈：堆栈指针指向下一个将要放入数据的空位置，且由低地址向高地址生成。如指令 LDMEA、STMEA 等。

空递减堆栈：堆栈指针指向下一个将要放入数据的空位置，且由高地址向低地址生成。如指令 LDMED、STMED 等。

8. 块复制寻址

块复制寻址用于把一块数据从存储器的某一位置复制到另一位置，是一个多寄存器传送指令。

例如指令：

```
STMIA    R0!,{R1-R7}      ;将 R1～R7 的数据保存到存储器中,存储器指针在保存第一个值
                          之后增加,增长方向为向上增长
STMDA    R0!,{R1-R7}      ;将 R1～R7 的数据保存到存储器中,存储器指针在保存第一个值
                          之后增加,增长方向为向下增长
```

9. 相对寻址

相对寻址是变址寻址的一种变通，由程序计数器 PC 提供基准地址，指令中的地址码字段作为偏移量，两者相加后得到的地址即为操作数的有效地址。

例如指令：

```
BL ROUTE1                 ;调用到 ROUTE1 子程序
  ⋮
BEQ LOOP                  ;条件跳转到 LOOP 标号处
  ⋮
LOOP MOV R2,# 2
```

 ## 3.2 ARM 指令集

ARM 微处理器的指令集是加载/存储型的，即指令集仅能处理寄存器中的数据，且处理结果都要放回寄存器中，而对系统存储器的访问则需要通过专门的加载/存储指令来完成。ARM 微处理器的指令集可以分为跳转指令、数据处理指令、程序状态寄存器（PSR）处理指令、加载/存储指令、协处理器指令和异常产生指令六大类，具体的指令及功能如表 3-1 所示（表中指令为基本 ARM 指令，不包括派生的 ARM 指令）。

表 3-1 指令助记符及功能描述

助 记 符	指令功能描述
ADC	带进位加法指令
ADD	加法指令
AND	逻辑与指令
B	跳转指令
BIC	位清零指令
BL	带返回的跳转指令

助 记 符	指令功能描述
BLX	带返回和状态切换的跳转指令
BX	带状态切换的跳转指令
CDP	协处理器数据操作指令
CMN	比较反值指令
CMP	比较指令
EOR	异或指令
LDC	存储器到协处理器的数据传输指令
LDM	加载多个寄存器指令
LDR	存储器到寄存器的数据传输指令
MCR	从 ARM 寄存器到协处理器寄存器的数据传输指令
MLA	乘加运算指令
MOV	数据传送指令
VMRC	从协处理器寄存器到 ARM 寄存器的数据传输指令
MRS	传送 CPSR 或 SPSR 的内容到通用寄存器指令
MSR	传送通用寄存器到 CPSR 或 SPSR 的指令
MUL	32 位乘法指令
MLA	32 位乘加指令
MVN	数据取反传送指令
ORR	逻辑或指令
RSB	逆向减法指令
RSC	带借位的逆向减法指令
SBC	带借位减法指令
STC	协处理器寄存器写入存储器指令
STM	批量内存字写入指令
STR	寄存器到存储器的数据传输指令
SUB	减法指令
SWI	软件中断指令
SWP	交换指令
TEQ	相等测试指令
TST	位测试指令

3.2.1 指令格式及条件码

当处理器工作在 ARM 状态时,几乎所有的指令均根据 CPSR 中条件码的状态和指令

的条件域有条件地执行。当指令的执行条件满足时,指令被执行,否则指令被忽略。每一条
ARM 指令包含 4 位的条件码,位于指令的高 4 位[31:28]。条件码共有 16 种,每种条件码
可用两个字符表示,这两个字符可以添加在指令助记符的后面和指令同时使用。例如,跳转
指令 B 可以加上后缀 EQ 变为 BEQ 表示"相等则跳转",即当 CPSR 中的 Z 标志置位时发生
跳转。

在 16 种条件码中,只有 15 种可以使用,如表 3-2 所示,第 16 种(1111)为系统保留,暂时
不能使用。

表 3-2　指令的条件码

条　件　码	助记符后缀	标　　志	含　　义
0	EQ	Z 置位	相等
1	NE	Z 清零	不相等
10	CS	C 置位	无符号数大于或等于
11	CC	C 清零	无符号数小于
100	MI	N 置位	负数
101	PL	N 清零	正数或零
110	VS	V 置位	溢出
111	VC	V 清零	未溢出
1000	HI	C 置位 Z 清零	无符号数大于
1001	LS	C 清零 Z 置位	无符号数小于或等于
1010	GE	N 等于 V	带符号数大于或等于
1011	LT	N 不等于 V	带符号数小于
1100	GT	Z 清零且(N 等于 V)	带符号数大于
1101	LE	Z 置位或(N 不等于 V)	带符号数小于或等于
1110	AL	忽略	无条件执行

3.2.2　程序状态寄存器访问指令

ARM 微处理器支持程序状态寄存器访问指令,用于在程序状态寄存器和通用寄存器之
间传送数据,程序状态寄存器访问指令包括以下两条:

MRS　程序状态寄存器到通用寄存器的数据传送指令
MSR　通用寄存器到程序状态寄存器的数据传送指令

1. MRS 指令

MRS 指令的格式为:

MRS{条件}　通用寄存器,程序状态寄存器(CPSR 或 SPSR)

MRS 指令用于将程序状态寄存器的内容传送到通用寄存器中。该指令一般用于以下
两种情况。

(1)当需要改变程序状态寄存器的内容时,可用 MRS 将程序状态寄存器的内容读入通
用寄存器,修改后再写回程序状态寄存器。

（2）当在进行异常处理或进程切换时，需要保存程序状态寄存器的值，可先用该指令读出程序状态寄存器的值，然后保存。

指令示例：

```
MRS  R0,CPSR  ;传送 CPSR 的内容到 R0
MRS  R0,SPSR  ;传送 SPSR 的内容到 R0
```

2. MSR 指令

MSR 指令的格式为：

```
MSR{条件}  程序状态寄存器(CPSR 或 SPSR)_〈域〉,操作数
```

MSR 指令用于将操作数的内容传送到程序状态寄存器的特定域中。其中，操作数可以为通用寄存器或立即数。〈域〉用于设置程序状态寄存器中需要操作的位，32 位的程序状态寄存器可分为 4 个域：

位[31:24]为条件标志位域，用 f 表示；

位[23:16]为状态位域，用 s 表示；

位[15:8]为扩展位域，用 x 表示；

位[7:0]为控制位域，用 c 表示。

该指令通常用于恢复或改变程序状态寄存器的内容，在使用时，一般要在 MSR 指令中指明将要操作的域。

指令示例：

```
MSR  CPSR,R0      ;传送 R0 的内容到 CPSR
MSR  SPSR,R0      ;传送 R0 的内容到 SPSR
MSR  CPSR_c,R0    ;传送 R0 的内容到 CPSR,但仅仅修改 CPSR 中的控制位域
```

3.2.3 加载/存储指令

ARM 微处理器支持加载/存储指令用于在寄存器和存储器之间传送数据。加载指令用于将存储器中的数据传送到寄存器，存储指令则完成相反的操作。常用的加载存储指令如表 3-3 所示。

表 3-3 数据处理指令助记符及功能描述

助 记 符	指令功能描述
LDR	字数据加载指令
LDRB	字节数据加载指令
LDRH	半字数据加载指令
STR	字数据存储指令
STRB	字节数据存储指令
STRH	半字数据存储指令

1. LDR 指令

LDR 指令的格式为：

```
LDR{条件}  目的寄存器,< 存储器地址>
```

LDR 指令用于从存储器中将一个 32 位的字数据传送到目的寄存器中。该指令通常用于从存储器中读取 32 位的字数据到通用寄存器，然后对数据进行处理。当程序计数器 PC

作为目的寄存器时,指令从存储器中读取的字数据被当作目的地址,从而可以实现程序流程的跳转。该指令在程序设计中比较常用,且寻址方式灵活多样。

指令示例:

```
;* * * * * * * * * * * * * * * * * * * * * * * * * * * * * * *
* * * * * * * * * * * * * * * * * * * * * * * * *
; NAME: example1.s
; Desc: ARM instruction examples LDR MOV ....
; Author: 韩桂明
; School: 桂林电子科技大学信息科技学院
; CreateDate: 2018.2.2
;* * * * * * * * * * * * * * * * * * * * * * * * * * * * * * *
* * * * * * * * * * * * * * * * * * * * * * * * *
;/* ----------------------------------------------------- * /
LDR   R1,= 0x40000000
  MOV   R2,# 255
  MOV   R3,# 245
  MOV   R4,# 235
  MOV   R5,# 225
  MOV   R6,# 215
  MOV   R7,# 205
  MOV   R8,# 195
  MOV   R9,# 185
  MOV   R10,# 175
  MOV   R11,# 165
  MOV   R12,# 155
  MOV   R13,# 150
  MOV   R14,# 145
  STMIA   R1,{R2-R14}
  MOV   R2,# 4   ;数据初始化
  LDR   R0,[R1]   ;将存储器地址为 R1 的字数据读入寄存器 R0
  LDR   R0,[R1,R2]   ;将存储器地址为 R1+ R2 的字数据读入寄存器 R0
  LDR   R0,[R1,# 8]   ;将存储器地址为 R1+ 8 的字数据读入寄存器 R0
  LDR   R0,[R1,R2]!   ;将存储器地址为 R1+ R2 的字数据读入寄存器 R0
                      并将新地址 R1+R2 写入 R1
  LDR   R0,[R1,# 8]!   ;将存储器地址为 R1+ 8 的字数据读入寄存器 R0,并将新地址 R1+ 8
                       写入 R1
  LDR   R0,[R1],R2   ;将存储器地址为 R1 的字数据读入寄存器 R0,并将新地址 R1+R2 写
                     入 R1
  LDR   R1,= 0X40000000
  LDR   R0,[R1,R2,LSL # 2]!   ;将存储器地址为 R1+R2×4 的字数据读入寄存器 R0,并将新
                             地址 R1+R2×4 写入 R1
  LDR   R0,[R1],R2,LSL # 2   ;将存储器地址为 R1 的字数据读入寄存器 R0,并将新地址 R1+
                            R2×4 写入 R1
```

2. LDRB 指令

LDRB 指令的格式为：

> LDR{条件}B   目的寄存器,< 存储器地址>

LDRB 指令用于从存储器中将一个 8 位的字节数据传送到目的寄存器中,同时将寄存器的高 24 位清零。该指令通常用于从存储器中读取 8 位的字节数据到通用寄存器,然后对数据进行处理。当程序计数器 PC 作为目的寄存器时,指令从存储器中读取的字数据被当作目的地址,从而可以实现程序流程的跳转。

指令示例：

> LDRB R0,[R1]   ;将存储器地址为 R1 的字节数据读入寄存器 R0,并将 R0 的高 24 位
>   清零
> LDRB R0,[R1,♯8]   ;将存储器地址为 R1+8 的字节数据读入寄存器 R0,并将 R0 的高 24 位
>   清零

3. LDRH 指令

LDRH 指令的格式为：

> LDR{条件}H   目的寄存器,< 存储器地址>

LDRH 指令用于从存储器中将一个 16 位的半字数据传送到目的寄存器中,同时将寄存器的高 16 位清零。该指令通常用于从存储器中读取 16 位的半字数据到通用寄存器,然后对数据进行处理。当程序计数器 PC 作为目的寄存器时,指令从存储器中读取的字数据被当作目的地址,从而可以实现程序流程的跳转。

指令示例：

> LDRH R0,[R1]   ;将存储器地址为 R1 的半字数据读入寄存器 R0,并将 R0 的高 16 位清零
> LDRH R0,[R1,♯8]   ;将存储器地址为 R1+8 的半字数据读入寄存器 R0,并将 R0 的高 16 位
>   清零
> LDRH R0,[R1,R2]   ;将存储器地址为 R1+R2 的半字数据读入寄存器 R0,并将 R0 的高 16 位
>   清零

4. STR 指令

STR 指令的格式为：

> STR{条件}   源寄存器,< 存储器地址>

STR 指令用于从源寄存器中将一个 32 位的字数据传送到存储器中。该指令在程序设计中比较常用,且寻址方式灵活多样,使用方式可参考指令 LDR。

指令示例：

> STR R0,[R1],♯8 ;将 R0 中的字数据写入以 R1 为地址的存储器中,并将新地址 R1+8 写
>   入 R1
> STR R0,[R1,♯8]   ;将 R0 中的字数据写入以 R1+8 为地址的存储器中

5. STRB 指令

STRB 指令的格式为：

> STR{条件}B   源寄存器,< 存储器地址>

STRB 指令用于从源寄存器中将一个 8 位的字节数据传送到存储器中。该字节数据为源寄存器中的低 8 位。

指令示例：

> STRB R0,[R1]   ;将寄存器 R0 中的字节数据写入以 R1 为地址的存储器中
> STRB R0,[R1,♯8]   ;将寄存器 R0 中的字节数据写入以 R1+8 为地址的存储器中

6. STRH 指令

STRH 指令的格式为：

    STR{条件}H   源寄存器,< 存储器地址>

STRH 指令用于从源寄存器中将一个 16 位的半字数据传送到存储器中。该半字数据为源寄存器中的低 16 位。

指令示例：

    STRH   R0,[R1]   ;将寄存器 R0 中的半字数据写入以 R1 为地址的存储器中
    STRH   R0,[R1,#8] ;将寄存器 R0 中的半字数据写入以 R1＋8 为地址的存储器中

3.2.4 批量数据加载/存储指令

ARM 微处理器所支持的批量数据加载/存储指令可以一次在一片连续的存储器单元和多个寄存器之间传送数据,批量加载指令用于将一片连续的存储器中的数据传送到多个寄存器,批量数据存储指令则完成相反的操作。常用的加载存储指令如下：

    LDM   批量数据加载指令
    STM   批量数据存储指令

LDM(或 STM)指令的格式为：

    LDM(或 STM){条件}{类型}   基址寄存器{!},寄存器列表{^}

LDM(或 STM)指令用于从由基址寄存器所指示的一片连续存储器到寄存器列表所指示的多个寄存器之间传送数据,该指令的常见用途是将多个寄存器的内容入栈或出栈。其中,{类型}为以下几种情况。

当 LDM(或 STM)没有被用于堆栈,而只是简单地表示地址前向增加、后向增加、前向减少、后向减少时,由 IA、IB、DA、DB 控制。

    IA→Increment After   每次传送后地址加 4
    IB→Increment Before   每次传送前地址加 4
    DA→Decrement After   每次传送后地址减 4
    DB→Decrement Before   每次传送前地址减 4

堆栈请求格式,FD、ED、FA、EA 定义了前/后向索引和上/下位,F、E 表示堆栈满或者空。

A 和 D 定义堆栈是递增还是递减,如果递增,STM 将向上,LDM 向下;如果递减,则相反。

    FA→Full Ascending   满递增堆栈
    FD→Full Descending   满递减堆栈
    EA→Empty Ascending   空递增堆栈
    ED→Empty Descending   空递减堆栈

{!}为可选后缀,若选用该后缀,则当数据传送完毕之后,将最后的地址写入基址寄存器,否则基址寄存器的内容不改变。

基址寄存器不允许为 R15,寄存器列表可以为 R0～R15 的任意组合。

{^}为可选后缀,当指令为 LDM 且寄存器列表中包含 R15,选用该后缀时表示：除了正常的数据传送之外,还将 SPSR 复制到 CPSR。同时,该后缀还表示传入或传出的是用户模式下的寄存器,而不是当前模式下的寄存器。

例：STMIA R0!,{R1,R2,R3,R14}

先传值,后地址增加,寄存器的内容传送到 RAM 中(Rn→RAM)。

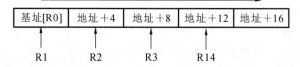

指令示例：

使用数据块传送指令进行堆栈操作

STMDA R0!,{R4-R7}

⋮

LDMIA R0!,{R4,R7}

使用堆栈指令进行堆栈操作

STMED R13!,{R4-R7}

⋮

LDMED R13!,{R4,R7}

或者

STMED SP!,{R4-R7}

⋮

LDMED SP!,{R4,R7}

两种方式的执行结果是一样的,但是使用堆栈指令的压栈和出栈操作编程很简单(只要前后一致即可),而使用数据块指令进行压栈和出栈操作则需要考虑空与满、加与减对应的问题。数据块指令和堆栈指令的说明如表 3-4 所示。

STMFD R13!,{R0,R4-R12,LR} ;将寄存器列表中的寄存器(R0,R4 到 R12,LR)存入堆栈

LDMFD R13!,{R0,R4-R12,LR} ;将堆栈内容恢复到寄存器(R0,R4 到 R12,LR)

表 3-4 数据块指令和堆栈指令的说明

数据块传送存储	堆栈操作压栈	说　　明	数据块传送加载	堆栈操作出栈	说　　明
STMDA	STMED	空递减	LDMDA	LDMFA	满递减
STMIA	STMEA	空递增	LDMIA	LDMFD	满递增
STMDB	STMFD	满递减	LDMDB	LDMEA	空递减
STMIB	STMFA	满递增	LDMIB	LDMED	空递增

3.2.5　数据交换指令

ARM 微处理器所支持的数据交换指令能在存储器和寄存器之间交换数据。数据交换指令有如下两条：

SWP　　　　　　字数据交换指令
SWPB　　　　　字节数据交换指令

1. SWP 指令

SWP 指令的格式为：

SWP{条件} 目的寄存器,源寄存器 1,[源寄存器 2]

SWP 指令用于将源寄存器 2 所指向的存储器中的字数据传送到目的寄存器中,同时将源寄存器 1 中的字数据传送到源寄存器 2 所指向的存储器中。显然,当源寄存器 1 和目的

寄存器为同一个寄存器时,指令交换该寄存器和存储器的内容。

指令示例:

| SWP | R0,R1,[R2] | ;将 R2 所指向的存储器中的字数据传送到 R0,同时将 R1 中的字数据传送到 R2 所指向的存储单元 |
| SWP | R0,R0,[R1] | ;该指令完成将 R1 所指向的存储器中的字数据与 R0 中的字数据交换 |

2. SWPB 指令

SWPB 指令的格式为:

SWP{条件}B 目的寄存器,源寄存器 1,[源寄存器 2]

SWPB 指令用于将源寄存器 2 所指向的存储器中的字节数据传送到目的寄存器中,目的寄存器的高 24 清零,同时将源寄存器 1 中的字节数据传送到源寄存器 2 所指向的存储器中。显然,当源寄存器 1 和目的寄存器为同一个寄存器时,指令交换该寄存器和存储器的内容。

指令示例:

| SWPB | R0,R1,[R2] | ;将 R2 所指向的存储器中的字节数据传送到 R0,R0 的高 24 位清零,同时将 R1 中的低 8 位数据传送到 R2 所指向的存储单元 |
| SWPB | R0,R0,[R1] | ;该指令完成将 R1 所指向的存储器中的字节数据与 R0 中的低 8 位数据交换 |

3.2.6 数据处理指令

数据处理指令可分为数据传送指令、算术逻辑运算指令和比较指令等。数据传送指令用于在寄存器和存储器之间进行数据的双向传输。算术逻辑运算指令完成常用的算术与逻辑的运算,该类指令不但将运算结果保存在目的寄存器中,同时更新 CPSR 中的相应条件标志位。

比较指令不保存运算结果,只更新 CPSR 中相应的条件标志位。

数据处理指令详见表 3-5。

表 3-5 数据处理指令助记符及功能描述

助 记 符	指令功能描述
MOV	数据传送指令
MVN	数据取反传送指令
CMP	比较指令
CMN	反值比较指令
TST	位测试指令
TEQ	相等测试指令
ADD	加法指令
ADC	带进位加法指令
SUB	减法指令
SBC	带借位减法指令

助 记 符	指令功能描述
RSB	逆向减法指令
RSC	带借位的逆向减法指令
AND	逻辑与指令
ORR	逻辑或指令
EOR	逻辑异或指令
BIC	位清除指令

1. MOV 指令（move）

MOV 指令的格式为：

```
MOV{条件}{S}  目的寄存器,源操作数
```

MOV 指令可完成从另一个寄存器、被移位的寄存器或将一个立即数加载到目的寄存器。其中 S 选项决定指令的操作是否影响 CPSR 中条件标志位的值,当没有 S 时指令不更新 CPSR 中条件标志位的值。

指令示例：

```
MOV   R0,# 0X00
MOV   R14,# 0X30000000
MOV   R1,R0   ;将寄存器 R0 的值传送到寄存器 R1
MOVS  R1,R0   ;将寄存器 R0 的值传送到寄存器 R1,同时强制影响 CZNV 位,Z= 1
MOV   PC,R14  ;将寄存器 R14 的值传送到 PC,常用于子程序返回
MOV   PC,LR   ;将寄存器 LR 的值传送到 PC,常用于子程序返回
MOV   R10,R0,LSL # 3   ;将寄存器 R0 的值左移 3 位后传送到 R10
```

2. MVN 指令

MVN 指令的格式为：

```
MVN{条件}{S}  目的寄存器,源操作数
```

MVN 指令可完成从另一个寄存器、被移位的寄存器或将一个立即数加载到目的寄存器。与 MOV 指令不同之处是在传送之前源操作数按位被取反了,即把一个被取反的值传送到目的寄存器中。其中 S 决定指令的操作是否影响 CPSR 中条件标志位的值,当没有 S 时指令不更新 CPSR 中条件标志位的值。

指令示例：

```
MVN   R0,# 0   ;将立即数 0 取反传送到寄存器 R0 中,完成后 R0= - 1
```

3. CMP 指令

CMP 指令的格式为：

```
CMP{条件}  操作数 1,操作数 2
```

CMP 指令用于把一个寄存器的内容和另一个寄存器的内容或立即数进行比较,同时更新 CPSR 中条件标志位的值。该指令进行一次减法运算,但不存储结果,只更改条件标志位。标志位表示的是操作数 1 与操作数 2 的关系(大、小、相等)。

指令示例：

```
CMP R1,R0        ;将寄存器 R1 的值与寄存器 R0 的值相减,并根据结果设置 CPSR 的标志位
CMP R1,# 100     ;将寄存器 R1 的值与立即数 100 相减,并根据结果设置 CPSR 的标志位
```

4. CMN 指令

CMN 指令的格式为：

```
CMN{条件}   操作数 1,操作数 2
```

CMN 指令用于把一个寄存器的内容和另一个寄存器的内容或立即数取反后进行比较，同时更新 CPSR 中条件标志位的值。该指令实际完成操作数 1 和操作数 2 相加,并根据结果更改条件标志位。

指令示例：

```
CMN R1,R0        ;将寄存器 R1 的值与寄存器 R0 的值相加,并根据结果设置 CPSR 的标志位
CMN R1,# 100     ;将寄存器 R1 的值与立即数 100 相加,并根据结果设置 CPSR 的标志位
```

5. TST 指令

TST 指令的格式为：

```
TST{条件}   操作数 1,操作数 2
```

TST 指令用于把一个寄存器的内容和另一个寄存器的内容或立即数进行按位的与运算,并根据运算结果更新 CPSR 中条件标志位的值。操作数 1 是要测试的数据,而操作数 2 是一个位掩码,该指令一般用来检测是否设置了特定的位。

指令示例：

```
TST   R1,# %1;用于测试在寄存器 R1 中是否设置了最低位(%表示二进制数,KEIL MDK 不支
              持)
TST   R1,# 0xfe;将寄存器 R1 的值与立即数 0xfe 按位与,并根据结果设置 CPSR 的标志位
```

6. TEQ 指令

TEQ 指令的格式为：

```
TEQ{条件}   操作数 1,操作数 2
```

TEQ 指令用于把一个寄存器的内容和另一个寄存器的内容或立即数进行按位的异或运算,并根据运算结果更新 CPSR 中条件标志位的值。该指令通常用于比较操作数 1 和操作数 2 是否相等。

指令示例：

```
TEQ R1,R0        ;将寄存器 R1 的值与寄存器 R2 的值按位异或,并根据结果设置 CPSR 的标志位
```

7. ADD 指令

ADD 指令的格式为：

```
ADD{条件}{S}   目的寄存器,操作数 1,操作数 2
```

ADD 指令用于把两个操作数相加,并将结果存放到目的寄存器中。操作数 1 应是一个寄存器,操作数 2 可以是一个寄存器、被移位的寄存器或一个立即数。

指令示例：

```
MOV  R1,# 0X64  ;R1 = 100(0X64)
MOV  R2,# 0X64  ;R2 = 100(0X64)
MOV  R3,# 0X64  ;R3 = 100(0X64)
ADD  R0,R1,R2            ;R0 = R1 + R2 = 200 (0XC8)
ADD  R0,R1,# 256         ;R0 = R1 + 256 = 356 (0X164)
ADD  R0,R2,R3,LSL# 1     ;R0 = R2 + (R3<<1) = 300 (0X12C)
```

8. ADC 指令

ADC 指令的格式为：

```
ADC{条件}{S}   目的寄存器,操作数 1,操作数 2
```

ADC 指令用于把两个操作数相加,再加上 CPSR 中的 C 条件标志位的值,并将结果存放到目的寄存器中。它使用一个进位标志位,这样就可以做比 32 位大的数的加法,注意不要忘记设置 S 后缀来更改进位标志。操作数 1 应是一个寄存器,操作数 2 可以是一个寄存器、被移位的寄存器或一个立即数。

例 3-1　　使用加法指令完成两个 128 位数的加法,假设第一个数由高到低存放在寄存器 R7~R4 中,第二个数由高到低存放在寄存器 R11~R8 中,运算结果由高到低存放在寄存器 R3~R0(不考虑最高位进位)中。

算法分析:

	R7	R6	R5	R4
+	R11	R10	R9	R8
	R3	R2	R1	R0

汇编代码:

```
LDR  R8,= 0X33333333
LDR  R9,= 0X33333333
LDR  R10,= 0X33333333
LDR  R11,= 0X33333333
LDR  R4,= 0XEEEEEEEE
LDR  R5,= 0XEEEEEEEE
LDR  R6,= 0XEEEEEEEE
LDR  R7,= 0XEEEEEEEE          ;数值初始化
ADDS R0,R4,R8       ;加低端的字    R0 = 22222221  CY = 1
ADCS R1,R5,R9       ;加第二个字,带进位 R1 = 22222222  CY = 1
ADCS R2,R6,R10  ;加第三个字,带进位 R2 = 22222222  CY = 1
ADC  R3,R7,R11  ;加第四个字,带进位 R3 = 22222222  CY = 1
```

9. SUB 指令

SUB 指令的格式为：

```
SUB{条件}{S}   目的寄存器,操作数 1,操作数 2
```

SUB 指令用于将操作数 1 减去操作数 2,并将结果存放到目的寄存器中。操作数 1 应是一个寄存器,操作数 2 可以是一个寄存器、被移位的寄存器或一个立即数。该指令可用于有符号数或无符号数的减法运算。

指令示例:

```
MOV  R1,# 0XFF  ;R1 = 255(0XFF)
MOV  R2,# 0X64  ;R2 = 100(0X64)
MOV  R3,# 0X64  ;R3 = 100(0X64)
SUB  R0,R1,R2          ;R0 = R1-R2= 155 (0X98)
SUB  R0,R1,# 256       ;R0 = R1-256= 0XFFFFFFFF
SUB  R0,R1,R3,LSL# 1   ;R0 = R1-(R3<<1) = 55(0X37)
```

10. SBC 指令

SBC 指令的格式为：

```
SBC{条件}{S}    目的寄存器,操作数1,操作数2
```

SBC 指令用于将操作数 1 减去操作数 2,再减去 CPSR 中的 C 条件标志位的反码,并将结果存放到目的寄存器中。操作数 1 应是一个寄存器,操作数 2 可以是一个寄存器、被移位的寄存器或一个立即数。该指令使用进位标志来表示借位,这样就可以做大于 32 位的减法,注意不要忘记设置 S 后缀来更改进位标志。该指令可用于有符号数或无符号数的减法运算。

指令示例:

```
SUBS  R0,R1,R2;R0= R1-R2-! C,并根据结果设置 CPSR 的进位标志位
```

11. RSB 指令

RSB 指令的格式为:

```
RSB{条件}{S}    目的寄存器,操作数1,操作数2
```

RSB 指令称为逆向减法指令,用于将操作数 2 减去操作数 1,并将结果存放到目的寄存器中。操作数 1 应是一个寄存器,操作数 2 可以是一个寄存器、被移位的寄存器或一个立即数。该指令可用于有符号数或无符号数的减法运算。

指令示例:

```
MOV   R1,# 0XFF  ;R1= 255(0XFF)
MOV   R2,# 0X64  ;R2= 100(0X64)
MOV   R3,# 0X64  ;R3= 100(0X64)
RSB   R0,R2,R1        ;R0= R1-R2= 155(0X98)
RSB   R0,R1,# 256     ;R0= 256-R1= 1
RSB   R0,R2,R3,LSL# 1 ;R0= (R3<<1)-R2= 100(0X64)
```

12. RSC 指令

RSC 指令的格式为:

```
RSC{条件}{S}    目的寄存器,操作数1,操作数2
```

RSC 指令用于将操作数 2 减去操作数 1,再减去 CPSR 中的 C 条件标志位的反码,并将结果存放到目的寄存器中。操作数 1 应是一个寄存器,操作数 2 可以是一个寄存器、被移位的寄存器或一个立即数。该指令使用进位标志来表示借位,这样就可以做大于 32 位的减法,注意不要忘记设置 S 后缀来更改进位标志。该指令可用于有符号数或无符号数的减法运算。

指令示例:

```
RSC  R0,R1,R2  ;R0= R2-R1-! C
```

13. AND 指令

AND 指令的格式为:

```
AND{条件}{S}    目的寄存器,操作数1,操作数2
```

AND 指令用于在两个操作数上进行逻辑与运算,并把结果放置到目的寄存器中。操作数 1 应是一个寄存器,操作数 2 可以是一个寄存器、被移位的寄存器或一个立即数。该指令常用于屏蔽操作数 1 的某些位。

指令示例:

```
AND  R0,R0,#3  ;该指令保持 R0 的 0、1 位,其余位清零。
```

14. ORR 指令

ORR 指令的格式为:

> ORR{条件}{S}   目的寄存器,操作数 1,操作数 2

ORR 指令用于在两个操作数上进行逻辑或运算,并把结果放置到目的寄存器中。操作数 1 应是一个寄存器,操作数 2 可以是一个寄存器、被移位的寄存器或一个立即数。该指令常用于设置操作数 1 的某些位。

指令示例:

> ORR R0,R0,#3 ;该指令设置 R0 的 0、1 位,其余位保持不变。

15. EOR 指令

EOR 指令的格式为:

> EOR{条件}{S}   目的寄存器,操作数 1,操作数 2

EOR 指令用于在两个操作数上进行逻辑异或运算,并把结果放置到目的寄存器中。操作数 1 应是一个寄存器,操作数 2 可以是一个寄存器、被移位的寄存器或一个立即数。该指令常用于反转操作数 1 的某些位。

指令示例:

> EOR R0,R0,#3 ;该指令反转 R0 的 0、1 位,其余位保持不变。

16. BIC 指令

BIC 指令的格式为:

> BIC{条件}{S}   目的寄存器,操作数 1,操作数 2

BIC 指令用于清除操作数 1 的某些位,并把结果放置到目的寄存器中。操作数 1 应是一个寄存器,操作数 2 可以是一个寄存器、被移位的寄存器或一个立即数。操作数 2 为 32 位的掩码,如果在掩码中设置了某一位,则清除这一位。未设置的掩码位保持不变。

指令示例:

> BIC R0,R0,#%1011 ;该指令清除 R0 中的 0、1 和 3 位,其余的位保持不变。

3.2.7 移位指令(操作)

ARM 微处理器内嵌的桶式移位器(barrel shifter),支持数据的各种移位操作,移位操作在 ARM 指令集中不作为单独的指令使用,它只能作为指令格式中的一个字段,在汇编语言中表示为指令中的选项。例如,数据处理指令的第二个操作数为寄存器时,就可以加入移位操作选项对它进行各种移位操作。移位操作包括如下 6 种类型(ASL 和 LSL 是等价的,可以自由互换):

- LSL 逻辑左移;
- ASL 算术左移;
- LSR 逻辑右移;
- ASR 算术右移;
- ROR 循环右移;
- RRX 带扩展的循环右移。

1. LSL(或 ASL)操作

LSL(或 ASL)操作的格式为:

> 通用寄存器,LSL(或 ASL)操作数

LSL(或 ASL)可完成对通用寄存器中的内容进行逻辑(或算术)左移的操作,按操作数所指定的数量向左移位,低位用零来填充。其中,操作数可以是通用寄存器,也可以是立即数(0~31)。

操作示例：

```
MOV    R0, R1, LSL# 2                ;将R1中的内容左移两位后传送到R0中
```

2. LSR 操作

LSR 操作的格式为：

```
通用寄存器,LSR 操作数
```

LSR 可完成对通用寄存器中的内容进行逻辑右移的操作,按操作数所指定的数量向右移位,左端用零来填充。其中,操作数可以是通用寄存器,也可以是立即数(0~31)。

操作示例：

```
MOV    R0, R1, LSR# 2                ;将R1中的内容右移两位后传送到R0中,左端用零来填充
```

3. ASR 操作

ASR 操作的格式为：

```
通用寄存器,ASR 操作数
```

ASR 可完成对通用寄存器中的内容进行算术右移的操作,按操作数所指定的数量向右移位,左端用第 31 位的值来填充。其中,操作数可以是通用寄存器,也可以是立即数(0~31)。

操作示例：

```
MOV    R0, R1, ASR# 2                ;将R1中的内容右移两位后传送到R0中,左端用第31位
                                      的值来填充
```

4. ROR 操作

ROR 操作的格式为：

```
通用寄存器,ROR 操作数
```

ROR 可完成对通用寄存器中的内容进行循环右移的操作,按操作数所指定的数量向右循环移位,左端用右端移出的位来填充。其中,操作数可以是通用寄存器,也可以是立即数(0~31)。显然,当进行 32 位的循环右移操作时,通用寄存器中的值不改变。

操作示例：

```
MOV    R0, R1, ROR# 2                ;将R1中的内容循环右移两位后传送到R0中
```

5. RRX 操作

RRX 操作的格式为：

```
通用寄存器,RRX 操作数
```

RRX 可完成对通用寄存器中的内容进行带扩展的循环右移的操作,按操作数所指定的数量向右循环移位,左端用进位标志位 C 来填充。其中,操作数可以是通用寄存器,也可以是立即数(0~31)。

操作示例：

```
MOV    R0, R1, RRX# 2                ;将R1中的内容进行带扩展的循环右移两位后传送到R0中
```

可采用的移位操作如下：

LSL:逻辑左移(logical shift left),寄存器中字的低端空出的位补 0。

LSR:逻辑右移(logical shift right),寄存器中字的高端空出的位补 0。

ASR:算术右移(arithmetic shift right),移位过程中保持符号位不变,即如果源操作数为正数,则字的高端空出的位补 0,否则补 1。

ROR:循环右移(rotate right),由字的低端移出的位填入字的高端空出的位。

RRX:带扩展的循环右移(rotate right with extended),操作数右移一位,高端空出的位

用原 C 标志值填充。

各种移位操作过程如图 3-1 至图 3-5 所示。

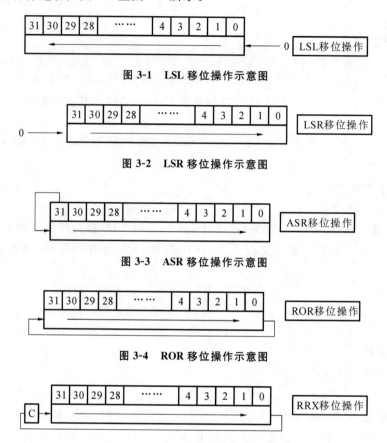

图 3-1　LSL 移位操作示意图

图 3-2　LSR 移位操作示意图

图 3-3　ASR 移位操作示意图

图 3-4　ROR 移位操作示意图

图 3-5　RRX 移位操作示意图

3.2.8　跳转指令

跳转指令用于实现程序流程的跳转,在 ARM 程序中有两种方法可以实现程序流程的跳转:① 使用专门的跳转指令;② 直接向程序计数器 PC 写入跳转地址值。

通过向程序计数器 PC 写入跳转地址值,可以实现在 4GB 的地址空间中的任意跳转,在跳转之前结合使用

```
MOV LR,PC
```

等类似指令,可以保存将来的返回地址值,从而实现在 4GB 连续的线性地址空间的子程序调用。

ARM 指令集中的跳转指令可以完成从当前指令向前或向后的 32MB 的地址空间的跳转,包括以下 4 条指令:① B 指令(跳转指令);② BL 指令(带返回的跳转指令);③ BLX 指令(带返回和状态切换的跳转指令);④ BX 指令(带状态切换的跳转指令)。

1.B 指令

B 指令的格式为:

```
B{条件} 目标地址
```

B 指令是最简单的跳转指令。一旦遇到一个 B 指令,ARM 处理器将立即跳转到给定的

目标地址,从那里继续执行。注意存储在跳转指令中的实际值是相对当前 PC 值的一个偏移量,而不是一个绝对地址,它的值由汇编器来计算(参考寻址方式中的相对寻址)。它是 24 位有符号数,左移两位后有符号数扩展为 32 位,表示的有效偏移为 26 位(前后 32MB 的地址空间)。

指令示例:

```
B  Label  ;程序无条件跳转到标号 Label 处执行
CMP  R1,#0  ;当 CPSR 寄存器中的 Z 条件码置位时,程序跳转到标号 Label 处执行
BEQ  Label
```

2.BL 指令

BL 指令的格式为:

```
BL{条件}  目标地址
```

BL 指令是另一个跳转指令,但跳转之前,会在寄存器 R14 中保存 PC 的当前内容,因此,可以通过将 R14 的内容重新加载到 PC 中,来返回到跳转指令之后的那个指令处执行。该指令是实现子程序调用的一个常用手段。

指令示例:

```
BL  Label  ;当程序无条件跳转到标号 Label 处执行时,同时将当前的 PC 值保存到 R14 中
```

3.BLX 指令

BLX 指令的格式为:

```
BLX  目标地址
```

BLX 指令从 ARM 指令集跳转到指令中所指定的目标地址,并将处理器的工作状态由 ARM 状态切换到 Thumb 状态,该指令同时将 PC 的当前内容保存到寄存器 R14 中。因此,当子程序使用 Thumb 指令集,而调用者使用 ARM 指令集时,可以通过 BLX 指令实现子程序的调用和处理器工作状态的切换。同时,子程序的返回可以通过将寄存器 R14 的值复制到 PC 中来完成。

4.BX 指令

BX 指令的格式为:

```
BX{条件}  目标地址
```

BX 指令跳转到指令中所指定的目标地址,目标地址处的指令既可以是 ARM 指令,也可以是 Thumb 指令。

3.2.9 协处理器指令

ARM 微处理器可支持多达 16 个的协处理器,用于各种协处理操作,在程序执行的过程中,每个协处理器只执行针对自身的协处理指令,忽略 ARM 处理器和其他协处理器的指令。

ARM 的协处理器指令主要用于 ARM 处理器初始化 ARM 协处理器的数据处理操作,以及在 ARM 处理器的寄存器和协处理器的寄存器之间传送数据,还可在 ARM 协处理器的寄存器和存储器之间传送数据。ARM 协处理器指令包括以下 5 条:① CDP 指令(协处理器数操作指令);②LDC 指令(协处理器数据加载指令);③STC 指令(协处理器数据存储指令);④MCR 指令(ARM 处理器寄存器到协处理器寄存器的数据传送指令);⑤MRC 指令(协处理器寄存器到 ARM 处理器寄存器的数据传送指令)。

1. CDP 指令

CDP 指令的格式为：

```
CDP{条件} 协处理器编码,协处理器操作码1,目的寄存器,源寄存器1,源寄存器2,协处理器操作码2
```

CDP 指令用于 ARM 处理器通知 ARM 协处理器执行特定的操作,若协处理器不能成功完成特定的操作,则产生未定义指令异常。其中协处理器操作码1和协处理器操作码2为协处理器将要执行的操作,目的寄存器和源寄存器均为协处理器的寄存器,指令不涉及 ARM 处理器的寄存器和存储器。

指令示例：

```
CDP     P3,2,C12,C10,C3,4          ;该指令完成协处理器 P3 的初始化
```

2. LDC 指令

LDC 指令的格式为：

```
LDC{条件}{L} 协处理器编码,目的寄存器,[源寄存器]
```

LDC 指令用于将源寄存器所指向的存储器中的字数据传送到目的寄存器中,若协处理器不能成功完成传送操作,则产生未定义指令异常。其中,{L}选项表示指令为长读取操作,如用于双精度数据的传输。

指令示例：

```
LDC     P3,C4,[R0]          ;将 ARM 处理器的寄存器 R0 所指向的存储器中的字
                             数据传送到协处理器 P3 的寄存器 C4 中
```

3. STC 指令

STC 指令的格式为：

```
STC{条件}{L} 协处理器编码,源寄存器,[目的寄存器]
```

STC 指令用于将源寄存器中的字数据传送到目的寄存器所指向的存储器中,若协处理器不能成功完成传送操作,则产生未定义指令异常。其中,{L}选项表示指令为长读取操作,如用于双精度数据的传输。

指令示例：

```
STC     P3,C4,[R0]          ;将协处理器 P3 的寄存器 C4 中的字数据传送到
                             ARM 处理器的寄存器 R0 所指向的存储器中
```

4. MCR 指令

MCR 指令的格式为：

```
MCR{条件} 协处理器编码,协处理器操作码1,源寄存器,目的寄存器1,目的寄存器2,协处理器操作码2
```

MCR 指令用于将 ARM 处理器寄存器中的数据传送到协处理器寄存器中,若协处理器不能成功完成操作,则产生未定义指令异常。其中协处理器操作码1和协处理器操作码2为协处理器将要执行的操作,源寄存器为 ARM 处理器的寄存器,目的寄存器1和目的寄存器2均为协处理器的寄存器。

指令示例：

```
MCR     P3,3,R0,C4,C5,6     ;该指令将 ARM 处理器寄存器 R0 中的数据传送到协处理器 P3
                             的寄存器 C4 和 C5 中
```

5. MRC 指令

MRC 指令的格式为：

MRC{条件} 协处理器编码,协处理器操作码 1,目的寄存器,源寄存器 1,源寄存器 2,协处理器操作码 2

　　MRC 指令用于将协处理器寄存器中的数据传送到 ARM 处理器寄存器中,若协处理器不能成功完成操作,则产生未定义指令异常。其中协处理器操作码 1 和协处理器操作码 2 为协处理器将要执行的操作,目的寄存器为 ARM 处理器的寄存器,源寄存器 1 和源寄存器 2 均为协处理器的寄存器。

　　指令示例:

MRC　　　　P3,3,R0,C4,C5,6　　;该指令将协处理器 P3 的寄存器中的数据传送到 ARM 处理器寄存器中

3.2.10　异常指令

　　ARM 微指令处理器所支持的异常指令有如下两条:① SWI 指令(软件中断指令); ② BKPT指令(断点中断指令)。

1.SWI 指令

SWI 指令的格式为:

SWI{条件}　　　　　　24 位的立即数

　　SWI 指令用于产生软件中断,以便用户程序能调用操作系统的系统例程。操作系统在 SWI 的异常处理程序中提供相应的系统服务,指令中 24 位的立即数指定用户程序调用系统例程的类型,相关参数通过通用寄存器传递,当指令中 24 位的立即数被忽略时,用户程序调用系统例程的类型由通用寄存器 R0 的内容决定,同时,参数通过其他通用寄存器传递。

　　指令示例:

SWI　　　　0x02　　　　　　　　;该指令调用操作系统编号位 02 的系统例程

2.BKPT 指令

BKPT 指令的格式为:

BKPT　　　　16 位的立即数

BKPT 指令产生软件断点中断,可用于程序的调试。

3.3　Thumb 指令集

　　为兼容数据总线宽度为 16 位的应用系统,ARM 体系结构除了支持执行效率很高的 32 位 ARM 指令集以外,同时支持 16 位的 Thumb 指令集。Thumb 指令集是 ARM 指令集的一个子集,允许指令编码为 16 位的长度。与等价的 32 位代码相比较,Thumb 指令集在保留 32 代码优势的同时,大大节省了系统的存储空间。

　　所有的 Thumb 指令都有对应的 ARM 指令,且 Thumb 的编程模型也对应于 ARM 的编程模型,在应用程序的编写过程中,只要遵循一定的调用规则,Thumb 子程序和 ARM 子程序就可以互相调用。当处理器在执行 ARM 程序段时,称 ARM 处理器处于 ARM 工作状态;当处理器在执行 Thumb 程序段时,称 ARM 处理器处于 Thumb 工作状态。

　　与 ARM 指令集相比较,Thumb 指令集中的数据处理指令的操作数仍然是 32 位,指令地址也为 32 位,但 Thumb 指令集为实现 16 位的指令长度,舍弃了 ARM 指令集的一些特性,如大多数的 Thumb 指令是无条件执行的,而几乎所有的 ARM 指令都是有条件执行的;大多数的 Thumb 数据处理指令的目的寄存器与其中一个源寄存器相同。

　　由于 Thumb 指令的长度为 16 位,即只用 ARM 指令一半的位数来实现同样的功能,所

以，要实现特定的程序功能，所需的 Thumb 指令的条数较 ARM 指令多。在一般的情况下，Thumb 指令与 ARM 指令的时间效率和空间效率关系如下。

（1）Thumb 代码所需的存储空间为 ARM 代码的 60%～70%。

（2）Thumb 代码使用的指令数比 ARM 代码多 30%～40%。

（3）若使用 32 位的存储器，ARM 代码比 Thumb 代码快约 40%。

（4）若使用 16 位的存储器，Thumb 代码比 ARM 代码快 40%～50%。

（5）与 ARM 代码相比较，使用 Thumb 代码，其存储器的功耗会降低约 30%。

显然，ARM 指令集和 Thumb 指令集各有其优点，若对系统的性能有较高要求，应使用 32 位的存储系统和 ARM 指令集；若对系统的成本及功耗有较高要求，则应使用 16 位的存储系统和 Thumb 指令集。当然，若两者结合使用，充分发挥其各自的优点，会取得更好的效果。

思考与练习

1. ARM 指令集有哪些寻址方式？各有何特点？

2. 简述 ARM 指令集中存储/加载类指令的分类及用法。

3. ARM 指令集和 Thumb 指令集有什么区别？各自优缺点是什么？

第❹章 GNU 汇编伪指令集

本章主要介绍汇编伪指令,在嵌入式系统开发中,不可避免地会使用 GNU 开发工具,要进行嵌入式 Linux 的移植与开发,其中与硬件直接相关的部分要用汇编语言来编程。而汇编语言中,指令语句在源程序汇编时会产生可供计算机执行的机器指令,即目标代码,汇编程序除指令语句外,还需要提供一些指令,用于辅助源程序的汇编,称之为伪指令。

4.1 GNU 汇编器的平台无关伪指令

在汇编语言程序里,有一些特殊指令助记符,这些助记符与指令系统的助记符不同,没有相对应的操作码。它们在运行期间并不是由机器执行,因而不产生机器码,而是在汇编程序对源程序进行汇编期间由汇编程序处理,其在源程序中的作用是为完成汇编程序,仅在汇编过程中起作用,一旦汇编结束,伪指令使命便完成。伪指令种类繁多,可以细分为符号定义伪指令、数据定义伪指令、汇编控制伪指令、宏指令以及其他伪指令。

4.1.1 符号定义伪指令

符号定义伪指令用于定义 ARM 汇编程序中的变量、对变量赋值以及定义寄存器的别名等操作。常见的符号定义伪指令有如下几种。

1.GBLA、GBLL 和 GBLS

语法格式:

GBLA（GBLL 或 GBLS）全局变量名

功能:用于定义一个 ARM 程序中的全局变量,并将其初始化。

GBLA 伪指令用于定义一个全局的数字变量,并初始化为 0;

GBLL 伪指令用于定义一个全局的逻辑变量,并初始化为 F(假);

GBLS 伪指令用于定义一个全局的字符串变量,并初始化为空;

使用示例:

```
GBLA Test1              ;定义一个全局的数字变量,变量名为 Test1
Test1 SETA 0xaa         ;将该变量赋值为 0xaa
GBLL Test2              ;定义一个全局的逻辑变量,变量名为 Test2
Test2 SETL {TRUE}       ;将该变量赋值为真
GBLS Test3              ;定义一个全局的字符串变量,变量名为 Test3
Test3 SETS "Testing"    ;将该变量赋值为"Testing"
```

以上三条伪指令用于定义全局变量,因此在整个程序范围内变量名必须唯一。

2.LCLA、LCLL 和 LCLS

语法格式:

LCLA(LCLL 或 LCLS)局部变量名

功能:LCLA、LCLL 和 LCLS 伪指令用于定义一个 ARM 程序中的局部变量,并将其初始化。其中:

LCLA 伪指令用于定义一个局部的数字变量,并初始化为 0;

LCLL 伪指令用于定义一个局部的逻辑变量,并初始化为 F(假);

LCLS 伪指令用于定义一个局部的字符串变量,并初始化为空。

使用示例:

```
LCLA Test4              ;声明一个局部的数字变量,变量名为 Test4
Test3 SETA 0xaa         ;将该变量赋值为 0xaa
LCLL Test5              ;声明一个局部的逻辑变量,变量名为 Test5
Test4 SETL {TRUE}       ;将该变量赋值为真
LCLS Test6              ;定义一个局部的字符串变量,变量名为 Test6
Test6 SETS "Testing"    ;将该变量赋值为"Testing"
```

以上三条伪指令用于声明局部变量,在其作用范围内变量名必须唯一。

3. SETA、SETL 和 SETS

语法格式:

```
变量名 SETA(SETL 或 SETS)表达式
```

功能:伪指令 SETA、SETL、SETS 用于给一个已经定义的全局变量或局部变量赋值。

SETA 伪指令用于给一个数学变量赋值;

SETL 伪指令用于给一个逻辑变量赋值;

SETS 伪指令用于给一个字符串变量赋值。

其中,变量名为已经定义过的全局变量或局部变量,表达式为将要赋给变量的值。

使用示例:

```
LCLA Test3              ;声明一个局部的数字变量,变量名为 Test3
Test3 SETA 0xaa         ;将该变量赋值为 0xaa
LCLL Test4              ;声明一个局部的逻辑变量,变量名为 Test4
Test4 SETL {TRUE}       ;将该变量赋值为真
```

4. RLIST

语法格式:

```
名称 RLIST{寄存器列表}
```

功能:RLIST 伪指令可用于对一个通用寄存器列表定义名称,使用该伪指令定义的名称可在 ARM 指令 LDM/STM 中使用。在 LDM/STM 指令中,列表中的寄存器访问次序为根据寄存器的编号由低到高,而与列表中的寄存器排列次序无关。

使用示例:

```
RegList RLIST {R0-R5,R8,R10}    ;将寄存器列表名称定义为 RegList,可在 ARM 指令 LDM/
                                 STM 中通过该名称访问寄存器列表
```

4.1.2 数据定义伪指令

数据定义伪指令一般用于为特定的数据分配存储单元,同时可完成已分配存储单元的初始化。

1. LTORG

语法格式:

```
LTORG
```

功能:LTORG 用于声明一个数据缓冲池,也称为文字池。在使用伪指令 LDR 时,常常需要在适当的地方加入 LTORG 声明数据缓冲池,LDR 加载的数据暂时放于数据缓冲池。LTORG 伪指令通常放在无条件跳转指令之后,或者子程序返回指令之后,这样处理器就不会错误地将文字池中的数据当作指令来执行了。

使用示例：

```
LDR R0,= 0X12345678
ADD R1,R1,R0
MOV PC,LR
LTORG                  ;声明文字池,此地址存储 0X12345678
```

2. DCB

语法格式：

标号 DCB 表达式

功能：DCB 伪指令用于分配一片连续的字节存储单元并用伪指令中指定的表达式初始化。其中,表达式可以为 0 ～ 255 的数字或字符串。DCB 也可用"＝"代替。

使用示例：

```
Str DCB "This is a test!"         ;分配一片连续的字节存储单元并初始化
```

3. DCW(或 DCWU)

语法格式：

标号 DCW(或 DCWU)表达式

功能：DCW(或 DCWU)伪指令用于分配一片连续的半字存储单元并用伪指令中指定的表达式初始化。其中,表达式可以为程序标号或数字表达式。用 DCW 分配的字存储单元是半字对齐的,而用 DCWU 分配的字存储单元并不严格半字对齐。

使用示例：

```
DataTest DCW 1 ,2,3           ;分配一片连续的半字存储单元并初始化
```

4. DCD(或 DCDU)

语法格式：

标号 DCD (或 DCDU)表达式

功能：DCD(或 DCDU)伪指令用于分配一片连续的字存储单元并用伪指令中指定的表达式初始化。其中,表达式可以为程序标号或数字表达式。DCD 也可用"＆"代替。用 DCD 分配的字存储单元是字对齐的,而用 DCDU 分配的字存储单元并不严格字对齐。

使用示例：

```
DataTest DCD 4,5,6            ;分配一片连续的字存储单元并初始化
```

5. DCFD(或 DCFDU)

语法格式：

标号 DCFD (或 DCFDU)表达式

功能：DCFD(或 DCFDU)伪指令用于为双精度的浮点数分配一片连续的字存储单元并用伪指令中指定的表达式初始化。每个双精度的浮点数占据两个字单元。用 DCFD 分配的字存储单元是字对齐的,而用 DCFDU 分配的字存储单元并不严格字对齐。

使用示例：

```
FDataTest DCFD 2E115,-5E7     ;分配一片连续的字存储单元并初始化为指定的双精度数
```

6. DCFS(或 DCFSU)

语法格式：

标号 DCFS(或 DCFSU)表达式

功能：DCFS(或 DCFSU)伪指令用于为单精度的浮点数分配一片连续的字存储单元并用伪指令中指定的表达式初始化。每个单精度的浮点数占据一个字单元。用 DCFS 分配的

字存储单元是字对齐的,而用 DCFSU 分配的字存储单元并不严格字对齐。

使用示例:

```
FDataTest DCFS 2E5,-5E-7        ;分配一片连续的字存储单元并初始化为指定的单精度数
```

7. DCQ(或 DCQU)

语法格式:

```
标号 DCQ(或 DCQU)表达式
```

功能:DCQ(或 DCQU)伪指令用于分配一片以 8 个字节为单位的连续存储区域并用伪指令中指定的表达式初始化。用 DCQ 分配的存储单元是字对齐的,而用 DCQU 分配的存储单元并不严格字对齐。

使用示例:

```
DataTest DCQ 100               ;分配一片连续的存储单元并初始化为指定的值
```

8. SPACE

语法格式:

```
标号 SPACE 表达式
```

功能:SPACE 伪指令用于分配一片连续的存储区域并初始化为 0。其中,表达式为要分配的字节数。SPACE 也可用"%"代替。

使用示例:

```
DataSpace SPACE 100            ;分配连续 100 字节的存储单元并初始化为 0
```

9. MAP

语法格式:

```
MAP 表达式 {,基址寄存器}
```

功能:MAP 伪指令用于定义一个结构化的内存表的首地址。MAP 也可用"^"代替。

表达式可以为程序中的标号或数学表达式,基址寄存器为可选项,当基址寄存器选项不存在时,表达式的值即为内存表的首地址;当该选项存在时,内存表的首地址为表达式的值与基址寄存器的和。MAP 伪指令通常与 FIELD 伪指令配合使用来定义结构化的内存表。

使用示例:

```
MAP 0x100,R0                   ;定义结构化内存表首地址的值为 0x100+R0
```

10. FIELD

语法格式:

```
标号 FIELD 表达式
```

功能:FIELD 伪指令用于定义一个结构化内存表中的数据域。FILED 也可用"♯"代替。

表达式的值为当前数据域在内存表中所占的字节数。FIELD 伪指令常与 MAP 伪指令配合使用来定义结构化的内存表。MAP 伪指令定义内存表的首地址,FIELD 伪指令定义内存表中的各个数据域,并可以为每个数据域指定一个标号供其他的指令引用。

注意 MAP 和 FIELD 伪指令仅用于定义数据结构,并不实际分配存储单元。

使用示例:

```
MAP 0x100                      ;定义结构化内存表首地址的值为 0x100
A FIELD 16                     ;定义 A 的长度为 16 字节,位置为 0x100
```

4.1.3 汇编控制伪指令

汇编控制伪指令用于控制汇编程序的执行流程。

1. IF、ELSE、ENDIF

语法格式:

```
IF 逻辑表达式
        指令序列 1
ELSE
        指令序列 2
ENDIF
```

功能:IF、ELSE、ENDIF 伪指令能根据条件的成立与否决定是否执行某个指令序列。当 IF 后面的逻辑表达式为真,则执行指令序列 1,否则执行指令序列 2。其中,ELSE 及指令序列 2 可以没有,此时,当 IF 后面的逻辑表达式为真,则执行指令序列 1,否则继续执行后面的指令。IF、ELSE、ENDIF 伪指令可以嵌套使用。

使用示例:

```
GBLL Test                       ;声明一个全局的逻辑变量,变量名为 Test
IF Test= TRUE
        指令序列 1
ELSE
        指令序列 2
ENDIF
```

2. WHILE、WEND

语法格式:

```
WHILE 逻辑表达式
        指令序列
WEND
```

功能:WHILE、WEND 伪指令能根据条件的成立与否决定是否循环执行某个指令序列。当 WHILE 后面的逻辑表达式为真,则执行指令序列,该指令序列执行完毕后,再判断逻辑表达式的值,若为真则继续执行,一直到逻辑表达式的值为假。WHILE、WEND 伪指令可以嵌套使用。

使用示例:

```
GBLA Counter                    ;声明一个全局的数字变量,变量名为 Counter
Counter SETA 3                  ;由变量 Counter 控制循环次数
……
WHILE Counter<10
        指令序列
WEND
```

3. MACRO、MEND

语法格式:

```
MYM 标号 宏名 MYM 参数 1,MYM 参数 2,……
指令序列
MEND
```

功能:MACRO 、MEND 伪指令可以将一段代码定义为一个整体,称为宏指令,然后就可以在程序中通过宏指令多次调用该段代码。其中,MYM 标号在宏指令被展开时,标号会被替换为用户定义的符号,宏指令可以使用一个或多个参数,当宏指令被展开时,这些参数被相应的值替换。MACRO、MEND 伪指令可以嵌套使用。

4. MEXIT

语法格式：

```
MEXIT
```

功能：MEXIT 用于从宏定义中跳转出去。

4.1.4 其他常用的伪指令

除了上面介绍的伪指令外，还有一些其他的伪指令，在汇编程序中经常被使用，如段定义伪指令、入口点设置伪指令、包含文件伪指令、标号导出伪指令或导入声明伪指令等。

1. AREA

语法格式：

```
AREA 段名 属性 1,属性 2,……
```

功能：AREA 伪指令用于定义一个代码段或数据段。其中，段名若以数字开头，则该段名需用"|"括起来，如|1_test|。

属性字段表示该代码段（或数据段）的相关属性，多个属性用逗号分隔。常用的属性如下。

（1）CODE 属性：用于定义代码段，默认为 READONLY。

（2）DATA 属性：用于定义数据段，默认为 READWRITE。

（3）READONLY 属性：指定本段为只读，代码段默认为 READONLY。

（4）READWRITE 属性：指定本段为可读可写，数据段的默认属性为 READWRITE。

（5）ALIGN 属性：使用方式为 ALIGN 表达式。在默认时，ELF（可执行连接文件）的代码段和数据段是按字对齐的，表达式的取值范围为 0～31，相应的对齐方式为：2 的表达式次方。

（6）COMMON 属性：该属性定义一个通用的段，不包含任何的用户代码和数据。各源文件中同名的 COMMON 段共享同一段存储单元。

一个汇编语言程序至少要包含一个段，当程序太长时，也可以将程序分为多个代码段和数据段。

使用示例：

```
AREA Init,CODE,READONLY
```

该伪指令定义了一个代码段，段名为 Init，属性为只读。

2. ALIGN

语法格式：

```
ALIGN { 表达式 { ,偏移量 }}
```

功能：ALIGN 伪指令可通过添加填充字节的方式，使当前位置满足一定的对齐方式。其中，表达式的值用于指定对齐方式，可能的取值为 2 的幂，如 1、2、4、8、16 等。若未指定表达式，则将当前位置对齐到下一个字的位置。偏移量也为一个数字表达式，若使用该字段，则当前位置的对齐方式为：2 的表达式次幂＋偏移量。

使用示例：

```
AREA Init,CODE,READONLY,ALIGN＝3        ;指定后面的指令为 8 字节对齐
指令序列
END
```

3. CODE16、CODE32

语法格式：

```
CODE16(或 CODE32)
```

CODE16 伪指令通知编译器，其后的指令序列为 16 位的 Thumb 指令。

CODE32 伪指令通知编译器，其后的指令序列为 32 位的 ARM 指令。

功能：若在汇编源程序中同时包含 ARM 指令和 Thumb 指令时，可用 CODE16 伪指令通知编译器其后的指令序列为 16 位的 Thumb 指令，CODE32 伪指令通知编译器其后的指令序列为 32 位的 ARM 指令。因此，在使用 ARM 指令和 Thumb 指令混合编程的代码里，可用这两条伪指令进行切换，但注意它们只通知编译器其后指令的类型，并不能对处理器进行状态的切换。

使用示例：

```
AREA Init , CODE , READONLY
……
CODE32            ;通知编译器其后的指令为 32 位的 ARM 指令
LDR R0 ,＝ NEXT ＋ 1          ;将跳转地址放入寄存器 R0
BX R0            ;程序跳转到新的位置执行,并将处理器切换到 Thumb 工作状态
……
CODE16            ;通知编译器其后的指令为 16 位的 Thumb 指令
NEXT LDR R3,＝ 0x3FF
……
END            ;程序结束
```

4. ENTRY

语法格式：

```
ENTRY
```

功能：ENTRY 伪指令用于指定汇编程序的入口点。在一个完整的汇编程序中至少要有一个 ENTRY（也可以有多个，当有多个 ENTRY 时，程序的真正入口点由链接器指定），但在一个源文件里最多只能有一个 ENTRY（可以没有）。

使用示例：

```
AREA Init,CODE,READONLY
ENTRY            ;指定应用程序的入口点
……
```

5. END

语法格式：

```
END
```

功能：END 伪指令用于通知编译器已经到了源程序的结尾。

使用示例：

```
AREA Init,CODE,READONLY
……
END            ;指定应用程序的结尾
```

6. EQU

语法格式：

```
名称 EQU 表达式 {,类型}
```

功能:EQU 伪指令用于为程序中的常量、标号等定义一个等效的字符名称,类似于 C 语言中的#define。其中 EQU 可用"*"代替。

名称为 EQU 伪指令定义的字符名称,当表达式为 32 位的常量时,可以指定表达式的数据类型,可以有这三种类型:CODE16、CODE32 和 DATA

使用示例:

```
Test EQU 50              ;定义标号 Test 的值为 50
Addr EQU 0x55,CODE32     ;定义 Addr 的值为 0x55,且该处为 32 位的 ARM 指令
```

7. EXPORT(或 GLOBAL)

语法格式:

```
EXPORT 标号 {[WEAK]}
```

功能:EXPORT 伪指令用于在程序中声明一个全局的标号,该标号可在其他的文件中引用。EXPORT 可用 GLOBAL 代替。标号在程序中区分大小写,[WEAK] 选项声明其他的同名标号优先于该标号被引用。

使用示例:

```
AREA Init,CODE,READONLY
EXPORT Stest             ;声明一个可全局引用的标号 Stest
END
```

8. IMPORT

语法格式:

```
IMPORT 标号 {[WEAK]}
```

功能:IMPORT 伪指令用于通知编译器要使用的标号在其他的源文件中定义,但要在当前源文件中引用,而且无论当前源文件是否引用该标号,该标号均会被加入到当前源文件的符号表中。

标号在程序中区分大小写,[WEAK]选项表示当所有的源文件都没有定义这样一个标号时,编译器也不给出错误信息,在多数情况下将该标号置为 0,若该标号为 B 或 BL 指令引用,则将 B 或 BL 指令置为 NOP 操作。

使用示例:

```
AREA Init,CODE,READONLY
IMPORT Main              ;通知编译器当前文件要引用标号 Main,但 Main 在其他源文件中定义
END
```

9. EXTERN

语法格式:

```
EXTERN 标号 {[WEAK]}
```

功能:EXTERN 伪指令用于通知编译器要使用的标号在其他的源文件中定义,但要在当前源文件中引用,如果当前源文件实际并未引用该标号,该标号就不会被加入到当前源文件的符号表中。标号在程序中区分大小写,[WEAK]选项表示当所有的源文件都没有定义这样一个标号时,编译器也不给出错误信息,在多数情况下将该标号置为 0,若该标号为 B 或 BL 指令引用,则将 B 或 B 指令置为 NOP 操作。

使用示例:

```
AREA Init,CODE,READONLY
EXTERN Main              ;通知编译器当前文件要引用标号 Main,但 Main 在其他源文件中定义
END
```

10. GET(或 INCLUDE)

语法格式:

```
GET 文件名
```

功能:GET 伪指令用于将一个源文件包含到当前的源文件中,并将被包含的源文件在当前位置进行汇编处理。可以使用 INCLUDE 代替 GET 。

汇编程序中常用的方法是在某源文件中定义一些宏指令,用 EQU 定义常量的符号名称,用 MAP 和 FIELD 定义结构化的数据类型,然后用 GET 伪指令将这个源文件包含到其他的源文件中。使用方法与 C 语言中的"include"相似。

GET 伪指令只能用于包含源文件,包含目标文件需要使用 INCBIN 伪指令。

使用示例:

```
AREA Init,CODE,READONLY
GET a1.s                    ;通知编译器当前源文件包含源文件 a1.s
GET C:\a2.s                 ;通知编译器当前源文件包含源文件 C:\a2.s
END
```

11. INCBIN

语法格式:

```
INCBIN 文件名
```

功能:INCBIN 伪指令用于将一个目标文件或数据文件包含到当前的源文件中,被包含的文件不作任何变动的存放在当前文件中,编译器从其后开始继续处理。

使用示例:

```
AREA Init,CODE,READONLY
INCBIN a1.dat               ;通知编译器当前源文件包含文件 a1.dat
INCBIN C:\a2.txt            ;通知编译器当前源文件包含文件 C:\a2.txt
END
```

12. RN

语法格式:

```
名称 RN 表达式
```

功能:RN 伪指令用于给一个寄存器定义一个别名。采用这种方式可以方便程序员记忆该寄存器的功能。其中,名称为给寄存器定义的别名,表达式为寄存器的编码。

使用示例:

```
Temp RN R0                  ;给 R0 定义一个别名 Temp
```

 ## *4.2* GNU 汇编器支持的 ARM 伪指令

GNU 汇编器支持的 ARM 伪指令共有四条:LDR、ADR、ADRL、NOP,它们不是 ARM 指令集中的指令,只是为了编程,方便编译器编译而定义的指令,使用方式可以和 ARM 指令一样,但 ARM 指令与一条机器指令对应,而编译器会把 ARM 汇编的伪指令编译为一条或多条机器指令。

4.2.1 LDR 伪指令

语法格式:

```
LDR  寄存器, = 立即数或标号
```

功能:用于加载 32 位的立即数或一个地址值到指定寄存器。

在汇编编译源程序时,LDR 伪指令被编译器替换成一条合适的指令。若加载的常数未超出 MOV 或 MVN 的范围,则使用 MOV 或 MVN 指令代替该 LDR 伪指令,否则汇编器将常量放入文字池,并使用一条程序相对偏移的 LDR 指令从文字池读出常量,其采用绝对地址。

使用示例:

```
① LDR R0,= 10000              ;常数 10000 超出机器指令 32bit 中的低 12 位
```

替换为:

```
LDR R0,[PC,# -4]              ;从指令位置到文字池的偏移量必须少于 4KB
DCD 10000
```

BL 指令跳转范围为±32MB,而有时跳转超过 32MB,此时采用 LDR 伪指令。

② 将标号 ADDR1 所代表的地址存于 R0 中

```
...
LDR PC,= ADDR1
...
ADDR1
MOV R0,LR;
...
```

4.2.2　ADR 伪指令

语法格式:

```
ADR 寄存器,标号
```

功能:ADR 伪指令将基于 PC 相对偏移的地址值读取到寄存器中,在汇编编译器编译源程序时,ADR 伪指令被编译器替换成一条合适的指令。通常,编译器用一条 ADD 指令或 SUB 指令来实现该 ADR 伪指令的功能。注:ADR 伪指令采用相对偏移地址,要求标号和 ADR 伪指令必须在同一段。

使用示例:

```
假设当前地址值到 Delay 相对偏移量为 0x3c,将标号 Delay 所代表的地址存于 R0 中
...
ADRL R0,Delay                ;该句等价于 ADD R0,PC,# 0X3C
...
Delay
MOV R0,LR
...
```

4.2.3　ADRL 伪指令

语法格式:

```
ADRL 寄存器,标号
```

功能:该指令将基于 PC 或基于寄存器的地址值读取到寄存器中。ADR 中的常数 0X3C 是放在机器指令 12bit 中的偏移量立即数,若该偏移量立即数不能被 12bit 表示出来时,可以使用 ADRL 伪指令,将其拆分为两个可以被 12bit 表示的立即数,然后用两条 ADD 或 SUB 指令来替换 ADRL 伪指令。

使用示例:

```
...
ADRL R0,Delay;...
Delay
MOV R0,LR
...
```

4.2.4　NOP 空操作伪指令

语法格式：

```
    NOP
```

功能：CPU 一旦上电就将永不停歇地运行，则没有指令可使 CPU 什么都不做，通常，该伪指令在汇编时被代替成"MOV R0,R0"。NOP 伪指令主要用于延时操作，汇编程序通常要用于控制硬件，程序员必须在发出指令和后续操作之间加入几个 NOP 伪指令作延时用，以保证硬件操作有足够的时间来完成。

使用示例：

```
    LDR R0, _start
    NOP
    NOP
    ...
    _start
    NOP
```

4.3　ARM 汇编语言的程序结构

在 ARM/Thumb 汇编语言程序中，程序是以程序段(section)的形式呈现的。程序段是具有特定名称的相对独立的指令或数据序列，由代码段(code section)和数据段(data section)组成，顾名思义，代码段存放的是要执行的代码，而数据段则存放代码运行所需的数据。一个汇编语言程序应当至少包含有一个代码段，而当程序较长时，可以将一个长的代码段或者数据段分割为多个代码段或者多个数据段，然后通过程序编译链接(link)最终形成一个可执行的映像文件。

一个可执行的映像文件通常由以下几部分构成：

（1）一个或多个代码段，代码段的属性为只读；

（2）零个或多个包含初始化数据的数据段，数据段的属性为可读写；

（3）零个或多个不包含初始化数据的数据段，数据段的属性为可读写。

一个汇编语言的代码段其基本结构如下所示：

```
    AREA Init,CODE,READONLY
    ENTRY
Start
    MOV R0,# 1
    MOV R1,# 5
    ...
    END
```

其中 CODE 为代码段的标识，伪指令 AREA 与 CODE 的结合使用，表明定义了一个代码段，其段名为 Init，并说明了该代码段的属性为只读。ENTRY 伪指令标识程序的入口点，接下来为指令序列，程序代码最后一条为伪指令 END，标识该代码段的结束。

由于任何顶格编写的单词或者助记符都会被编译器当作一个地址标识而不是汇编指令。因此，编写代码时注意缩进格式，所有的指令必须向右缩进一个空格，建议用一个 Tab 键代替空格，如上述代码段中 Start。

一个汇编语言的数据段其基本结构如下所示：

```
AREA DataInit,DATA,BIINIT,ALIGN = 2
DISPBUF SPACE 200
RCVBUF SPACE 200
...
```

DATA 为数据段的标识。SPACE 伪指令分配连续 200 字节的存储单元并初始化为 0。

4.4 汇编语言与 C 语言的混合编程

相对高级编程语言,汇编语言以其运行的高效性,在底层编程中被大量使用,但是在应用系统的程序设计中,若采用汇编语言来完成所有的工作,除工作量非常大且烦琐外,与 C/C++语言相比,可读性也不强。因此,通常结合汇编语言和 C/C++语言两者的优势,采用混合编程的方式,即在一个实际的程序设计中,除了最底层的部分(如初始化、异常处理部分)用汇编语言以外,主要的编程任务用 C/C++语言完成,并且执行过程首先完成初始化过程,然后跳转到 C/C++代码中执行。

汇编语言与 C/C++语言的混合编程通常有以下几种方式。

(1) 汇编程序与 C 程序的相互调用。

(2) C 程序中内嵌汇编语句。

(3) 汇编程序、C/C++程序间变量的互访。

以上的几种混合编程中,比如寄存器的使用、数据栈以及参数的传递等必须遵循一些规则,这些规则被称为 ATPCS(ARM-Thumb procedure call standard)。

4.4.1 基本 ATPCS 规则

基本 ATPCS 规则规定了子程序调用时的一些基本规则,主要包括各寄存器的使用规则、堆栈的使用规则、参数传递的规则三个方面的内容。

1. 寄存器的使用规则

(1) 子程序间通过 R0～R3 传递参数,被调用的子程序在返回前无须恢复寄存器 R0～R3 的内容。

(2) 在子程序中,使用寄存器 R4～R11 保存局部变量,如果在子程序中用到了寄存器 R4～R11 中的某些寄存器,子程序进入时必须保存这些寄存器的值,在返回前必须恢复这些寄存器的值;对于子程序中没有用到的寄存器则不必进行这些操作。在 Thumb 程序中,通常只能使用寄存器 R4～R7 来保存局部变量。

(3) 寄存器 R12 用于保存 SP,在函数返回时使用该寄存器出栈,记作 IP。

(4) 寄存器 R13 用作数据栈指针,记作 SP。在子程序中寄存器 R13 不能用作其他用途。寄存器 SP 在进入子程序时的值和退出子程序的值必须相等。

(5) 寄存器 R14 称为链接寄存器,记作 LR。它用作保存子程序的返回地址。如果在子程序中保存了返回地址,寄存器 R14 则可以用作其他用途。

(6) 寄存器 R15 是程序计数器,记作 PC,它不能用作其他用途。

对于兼容 ATPCS 编译器而言,在编程时可以使用 A0～A3 替换 R0～R3,用 V1～V8 替换 R4～R11。A0～A3 和 IP 是 Scratch 寄存器(即临时寄存器),其值在进行子程序调用时不需要保存和恢复。表 4-1 总结了在 ATPCS 中各寄存器的使用规则及其名称,这些名称在 ARM 编译器和汇编器中都是预定义的。

表 4-1 寄存器的使用规则

寄 存 器	别 名	特 殊 名 称	使 用 规 则
R15		PC	程序计数器
R14		LR	链接寄存器
R13		SP	数据栈指针
R12		IP	子程序内部调用的 Scratch 寄存器
R11	V8		ARM 状态局部变量寄存器 8
R10	V7	SI	ARM 状态局部变量寄存器 7， 在支持数据检查的 ATPCS 中为数据栈限制指针
R9	V6	SB	ARM 状态局部变量寄存器 6， 在支持 RWPI 的 ATPCS 中为静态基址寄存器
R8	V5		ARM 状态局部变量寄存器 5
R7	V4	WR	ARM 状态局部变量寄存器 4 Thumb 状态工作寄存器
R6	V3		局部变量寄存器 3
R5	V2		局部变量寄存器 2
R4	V1		局部变量寄存器 1
R3	A4		参数/结果/Scratch 寄存器 4
R2	A3		参数/结果/Scratch 寄存器 3
R1	A2		参数/结果/Scratch 寄存器 2
R0	A1		参数/结果/Scratch 寄存器 1

2. 堆栈的使用规则

栈指针是保存了栈顶地址的寄存器值，栈一般有以下 4 种数据栈：

（1）FD full descending 满递减；

（2）ED empty descending 空递减；

（3）FA full ascending 满递增；

（4）EA empty ascending 空递增。

当栈指针指向栈顶元素时，称为 full 栈。当栈指针指向与栈顶元素相邻的一个元素时，称为 empty 栈。数据栈的增长方向也可以不同，当数据栈向内存减少的地址方向增长时，称为 descending 栈；反之称为 ascending 栈。ARM 的 ATPCS 规定默认的数据栈为 full descending(FD) 类型，并且对数据栈的操作是 8 字节对齐的，这意味着在编写汇编程序时，如果要进行出栈和入栈操作，则必须使用 LDMFD 和 STMFD 指令（或 LDMIA 和 STMDB 指令）。

3. 参数传递的规则

根据参数个数是否固定可以将子程序参数传递规则分为以下两种。

（1）参数个数可变的子程序参数传递规则。

对于参数个数可变的子程序，且参数不超过 4 个时，可以使用寄存器 R0～R3 来传递参数；当参数超过 4 个时,使用数据栈来传递参数。

在传递参数时,将所有参数看作是存放在连续的内存单元中的字数据。然后,依次将各字数据传送到寄存器 R0、R1、R2、R3 中,如果参数多于 4 个,则将剩余的字数据传送到数据栈中,入栈的顺序与参数顺序相反,即最后一个字数据先入栈。

（2）参数个数固定的子程序参数传递规则。

对于参数个数固定的子程序,参数传递与参数个数可变的子程序参数传递的规则不同,如果系统包含浮点运算的硬件部件,则浮点参数将按各个浮点参数按顺序处理和为每个浮点参数分配 FP 寄存器的规则传递。分配的方法是:满足该浮点参数需要的且编号最小的一组连续的 FP 寄存器中,第一个整数参数通过寄存器 R0～R3 来传递,其他参数通过数据栈传递。

4. 子程序结果返回规则

子程序结果返回的规则如下。

（1）如果结果为一个 32 位的整数,可以通过寄存器返回。

（2）如果结果为一个 64 位的整数,可以通过寄存器 R0 和 R1 返回,依此类推。

（3）如果结果为一个浮点数,可以通过浮点运算的寄存器 F0、D0 或 S0 返回。

（4）如果结果为复合型的浮点数（如复数）,可以通过寄存器 F0～FN 或者 D0～DN 返回。

（5）对于为数更多的结果,需要通过内存来传递。

4.4.2　汇编程序与 C 程序的相互调用

汇编程序与 C 程序的相互调用主要指汇编程序中调用 C 程序、C 程序中调用汇编程序,为保证参数正确的调用,汇编程序的设计需要遵守 ATPCS 基本规则。

1. 汇编程序中调用 C 程序

在 C 程序中不需要使用任何关键字来声明将被汇编程序调用的 C 程序（只要该程序的声明前不要加 static 关键字）,而汇编程序在调用该 C 程序之前必须在汇编程序中使用 IMPORT 伪操作声明该 C 程序,同时要通过 BL 指令来调用该 C 程序。具体使用方式如下例所示:

```
;汇编代码文件 start_c.s
AREA start,CODE,READONLY
IMPORT Main
ENTRY
Start
MOV R0,# 1              ;R0 寄存器传送参数给 n
MOV R1,# 5              ;R1 寄存器传送参数给 m
BL Main
....
END
//C 文件 Main.c 实现两数相加
int Main(int n,int m)
{
  int result= 0;int i;
  for(i= n;i< = m;i+ + )
  {
```

```
    result= i+ result;
    }
    return result;//返回值通过 R0
               //寄存器返回
}
```

2. C 程序中调用汇编程序

在汇编程序中需要使用 EXPORT 伪操作来声明汇编子程序，使得该子程序可以被其他程序调用。同时在 C 程序调用该汇编程序之前需要在 C 程序中使用 extern 关键词来声明该汇编子程序。具体使用方式如下例所示：

```
//C 文件 main.c 调用汇编程序实现两数相加
/* 声明汇编函数* /
extern int asm_add(int m,int n);
/* 声明汇编函数* /
int main(int argv,char * * argc)
{
    int i= 1;
    int j= 10;
    add_m_n(i,j);
    return 0;
}
;汇编指令两数累加和程序
AREA ADD_M_N,CODE,READONLY    EXPORT asm_add
asm_add
MOV R2,# 0X0 ;R2 赋初值 0
addmnloop
ADD R2,R2,R0 ;累加和放入 R2 中
ADD R0,R0,# 0X01;R0= R0+ 1
CMP R0,R1   ;将 R0 的值与 R1 相比较
BNE addmnloop   ;比较的结果不为 0
;继续调用 addmnloop,
;否则执行下一条语句
MOV PC,LR ;返回
END
```

4.4.3　C 程序中内嵌汇编语句

改变 CPSR 寄存器的值、初始化堆栈指针寄存器 SP 等操作 C 程序是做不了的，它们只能由汇编实现，此时我们必须采用在 C 源代码中嵌入少量汇编代码的方法来实现，这就是 C 程序中内嵌汇编。内嵌的汇编包括大部分的 ARM 指令和 Thumb 指令，但不能直接引用 C 的变量定义，数据的交换必须通过 ATPCS 进行。在使用时存在一些限制，主要表现在如下几方面：

（1）不能直接修改 PC（即赋值操作）实现跳转；

（2）使用物理寄存器时，不要使用过于复杂的 C 表达式，避免物理寄存器的冲突；

（3）R12 和 R13 可能被编译器用来存放中间编译的结果，计算表达式值时可能将 R0～

R3、R12 及 R14 用于子程序调用,因此要避免使用这些物理寄存器;

(4) 避免直接指定物理寄存器,而是让编译器进行分配。

嵌入式汇编语句在形式上是独立定义的函数体,具体使用格式与示例如下所示。

使用格式:

```
__asm
{
指令[;指令]
...
指令
}
两数相减内嵌汇编语句
__asm int sub(int i,int j)
{
SUB R0,R0,R1
MOV PC,LR
}
void main()
{
int result;
result= sub(54321,12345);
printf("54321-12345= % d\n",result)
}
```

内嵌汇编语句通过关键字"asm"或者"__asm"标识,同一行如有多条指令,则指令之间用分号(";")分隔,如果一条指令占据多行,除最后一行外都要使用续行符反斜杠("\")连接。C 函数中参数 i、j 分别由 R0、R1 传值,其返回结果 result 放入 R0 中传值。

4.4.4 汇编程序、C/C++程序间变量的互访

在一个工程中,一般都会由多个汇编文件和多个 C/C++程序文件有机组成,因此便存在变量间的相互访问,本小节主要讨论汇编程序访问全局 C 变量以及 C/C++程序对汇编全局变量的访问。

1. 汇编程序访问全局 C 变量

在 C/C++程序中声明的全局变量可以被汇编程序通过地址间接访问,具体访问过程如下。

(1) 在汇编程序中使用 IMPORT/EXTERN 伪指令声明该全局变量,该 C 全局变量在汇编中被认为是一个标号。

(2) 根据数据的类型,使用相应的 LDR 与 STR 指令访问该标号所表示的地址处所存放的内容。

各数据类型及相应的 LDR/STR 指令如下:

```
unsigned char LDRB/STRB
unsigned short LDRH/STRH
unsigned int LDR/STR
char LDRSB/STRSB
short LDRSH/STRH
```

汇编程序访问全局 C 变量使用示例如下所示：

```
AREA GLOBALS,CODE,READONLY
IMPORT  i
ASMsub
LDR R1, = i;加载变量的地址
LDR R0, [R1];从地址中读取数据到 R0 中
SUB R0,R0,# 1;减 1 操作
STR R0,[R1];保存修改后变量的值
END
```

2. C/C++程序对汇编全局变量的访问

在汇编中声明的数据可以被 C/C++程序访问，具体访问过程如下。

(1) 在汇编程序中用伪汇编指令（如 DCB、DCD 等）为全局变量分配空间并赋值，并定义一个标号代表该存储的位置。

(2) 在汇编程序中用 EXPORT 导出该标号。

(3) 在 C/C++程序中用 extern 声明该全局变量。

其使用示例如下所示。

汇编程序中定义了一块内存区域，并保存一串字符，其汇编代码如下：

```
EXPORT Message    ;声明全局标号
Message DCB "HelloARMMYM"    ;定义一串字符串
C/C+ + 程序中实现对汇编程序中变量 Message 的访问，并计算其字符串的长度
extern char Message[];
int charlength()
{
Int length;
char * pMessage;
pMessage= Message;
while(* pMessage ! = 'MYM')
{
length+ + ;
pMessage + + ;
}
return length;
}
```

思考与练习

1. 在 ARM 汇编中如何定义一个全局的数字变量？

2. ADR 和 LDR 的用法有什么区别？

3. ATPCS 中规定的 ARM 寄存器的使用规则是什么？

4. 什么是内联汇编？

5. 汇编代码中如何调用 C 代码中定义的函数？

第5章 ARM 集成开发环境搭建

本章主要介绍 ARM 集成开发环境,掌握了基本的汇编指令及伪指令之后,就具备了编写 ARM 汇编程序的基本功能,不过要实战得到真实可执行的程序,还需要可以对程序进行编辑和编译的开发环境的支持,同时程序在开发过程中免不了要进行调试,因此还需要调试器的支持。通常提供给程序开发员使用的是集编辑器、编译器、调试器以及其他一些辅助工具组合一起的集成开发环境(IDE)软件,对于 ARM 程序开发而言,目前比较流行的是基于 Windows 平台的 ADS 和 Linux 平台的 GCC 等交叉编译工具链,而 ADS 在程序的编译和调试方面要比 GCC 使用起来方便,但 ADS1.2 集成开发工具 ARM 公司在 2001 年已对其停止维护和支持。因此,ARM 公司推出了新的、功能更强大的、用户界面更友好的 MDK(microcontroler development kit)作为其硬件平台的集成开发工具,同时它也是 ARM 公司最近推出的针对各种嵌入式处理器的软件开发工具。对于初学者来说,为了更好地掌握汇编程序以及汇编与 C 语言的混合编程,本书选择 MDK 开发环境的使用。以下主要介绍一下如何使用 MDK 配合 J-link 来调试基于 S3C2440A 的开发板。

5.1 开发环境搭建

5.1.1 MDK 软件包

MDK5 软件包读者可自行在官方网站上下载,注意安装后需要注册码,否则使用有限制。MDK5 以后的版本不再直接支持 ARM7、ARM9 的开发,因此我们需要下载相应的 ARM7、ARM9 的软件支持包。打开这个网页:MDK Version 5-Legacy Support,下载相应的软件支持包,如图 5-1 所示,注意要选择自己 MDK 对应版本的支持包,本书以 Version5.10 为例来说明开发环境的使用。

图 5-1 ARM9 的软件支持包

5.1.2 J-link 驱动

除此之外，还需安装 J-link 驱动，本书中所述例子采用 J-linkv8 版本的 J-linkARM v 4.081，而 J-link 驱动的最新版本可以到以下链接下载：http://www.segger.com/jlink-software.html。

5.2 MDK 工程的建立

（1）打开 Keil 5，新建一个工程，如图 5-2 所示。

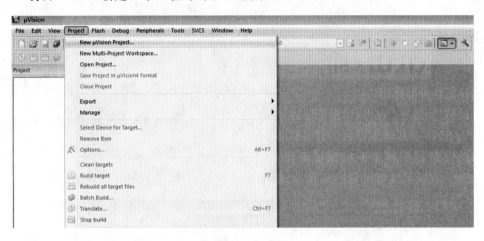

图 5-2　创建工程

（2）新建一个工程目录，用于存放一个工程的所有文件，且取名为 S3C2440_test 并保存，然后创建工程文件，工程名为 test，如图 5-3 所示。

图 5-3　保存工程

（3）ARM 系列芯片的选择。

根据开发板，选择 samsung 的 S3C2440A，点击"OK"，如图 5-4 所示，之后会出现如图 5-5所示的对话框，询问是否拷贝"S3C2440.s"到工程文件夹并加入到工程里，S3C2440.s 是启动代码，因此选择"是"。

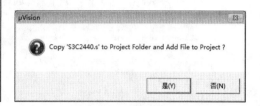

图 5-4　ARM 芯片选择　　　　　　　　图 5-5　S3C2440 启动代码加入

（4）Configuration Wizard 配置。

按图 5-6 所示步骤对 Configuration Wizard 进行配置，这里需要把全部钩都打上。

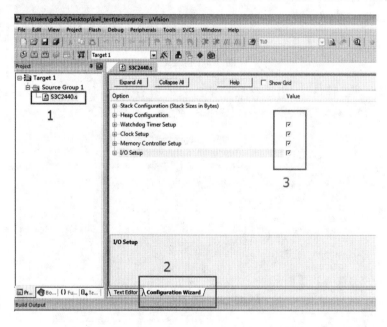

图 5-6　Configuration wizard 配置

（5）新建.c 文件并编写代码，然后将该文件加到工程里，如图 5-7 所示。

（6）Options for Target'Target 1'配置如图 5-8～图 5-11 所示，特别注意：在图 5-10 中的 Debug 选项卡中，若选择软件仿真，则选择左边的"Use Simulator"，若选择硬件在线仿真，则选择右边"Use"中的"J-LINK/J-TRACE ARM"；图 5-11 中，Utilities 选项卡中按照图 5-11(a)所示步骤将"Update Target before Debugging"前面的钩去掉，进入 Settings，然后按照图 5-11(b)所示步骤选择 flash 型号的编程算法。

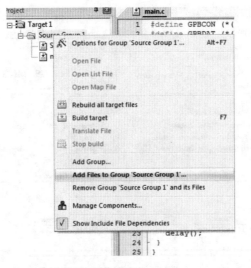

图 5-7　c 文件的新建

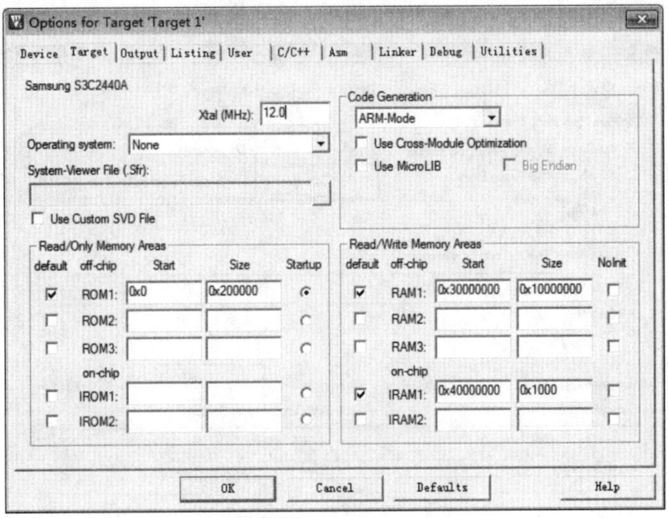

图 5-8　Target 选项设置

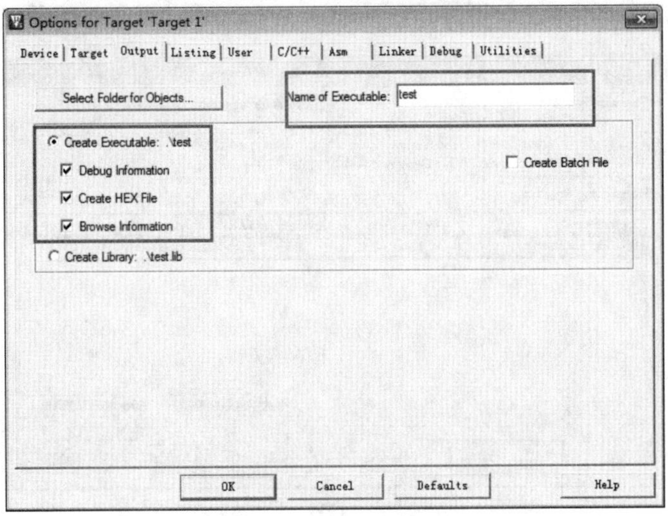

图 5-9　Output 选项设置

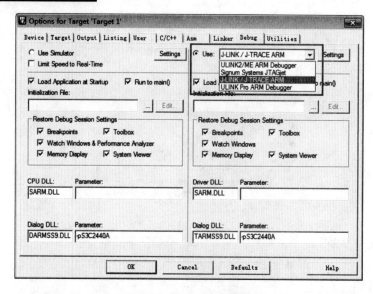

图 5-10   Debug 选项设置

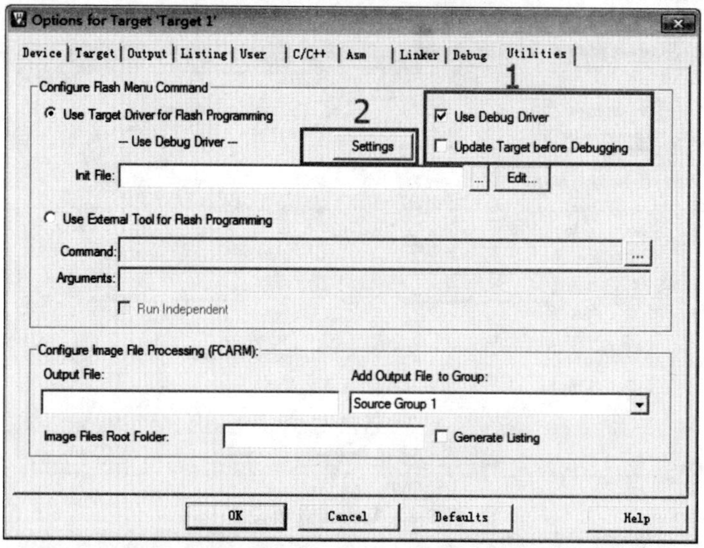

(a)

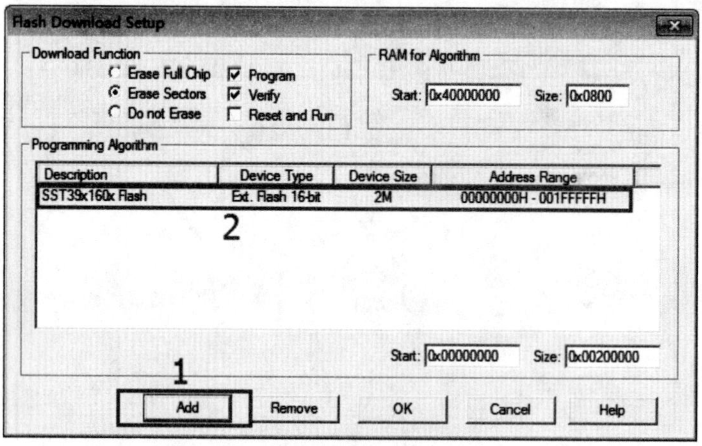

(b)

图 5-11   Utilities 选项设置

5.3 调试工程

5.3.1 基本代码调试

以下代码的调试演示,都是在软件仿真条件下进行的,若有相应开发板的同学,可以选择硬件在线调试,其调试操作过程与此类似。5.2 节中对 MDK5.10 版本的工程进行了详细配置操作,当工程完成编译、链接操作无误后,可生成可执行文件.axf 与.hex,而在该开发环境中装载的是可执行文件.axf。然后单击"Dedug"菜单项,选择"Start/Stop Debug Session"或者按快捷键"Ctrl+F5"进入调试界面。在代码区中,有一个蓝色与黄色组合的三角形箭头指示当前代码执行的位置,若单击"Dedug"下的"Run"(快捷键"F5"),就会全速运行该代码;如果想要单步调试,单击"Dedug"下的"Step"(快捷键"F11")或"Step Over"(快捷键"F10"),这个窗口中的箭头会发生相应的移动。在实际代码测试中,当希望对某段代码进行测试时,又不希望代码继续向下执行,此时可以利用断点来实现。将光标移至要进行断点设置的代码行处,单击"Dedug"下的"Insert/Remove Breakpoint"(快捷键"F9"),就会在光标处所在的位置出现一个实心圆点,表明该处是断点。如图 5-12 所示为本章所使用的部分例程代码,在该段中设置了断点操作。

图 5-12　代码调试时向代码中添加断点

5.3.2 代码调试寄存器与变量操作

1. 寄存器操作

通过选择"View"中"Registers Window"可弹出寄存器窗口,从而可以观察寄存器的变化情况。如图 5-13 所示,当单步调试时,可以发现寄存器窗口中正在进行操作的寄存器会出现蓝色的选中现象,同时其值也会发生变化(特比是在汇编代码中,这一步非常明显)。

2. 变量操作

在实际代码测试中,特别是在 C 程序代码中,程序员会对代码中出现的某个变量进行测试,以此来验证代码是否正确执行,这可以通过变量操作窗口来实现,选择"View"下的"Call Stack Window",弹出如图 5-14 所示对话框。

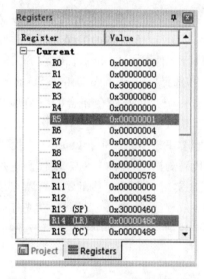

图 5-13 代码调试时的寄存器查看窗口

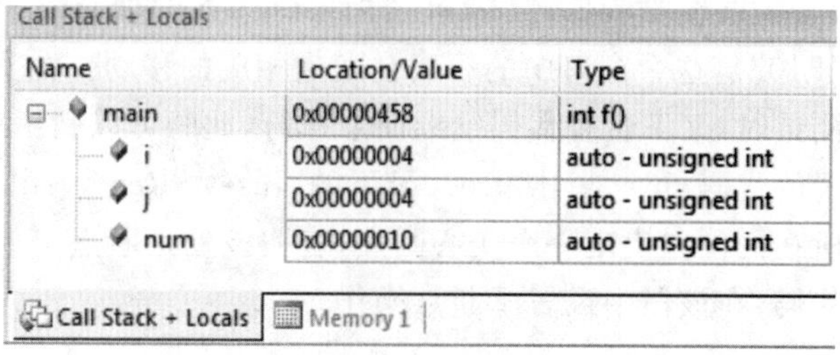

图 5-14 代码调试中查看当前变量值界面

图 5-14 所示界面为当前执行代码中各变量的值,有时程序员只想要查看特定变量其值的变化情况,则可通过图 5-15 来实现。在"View"菜单中选择"Watch Windows"下的"Watch 1"选项,弹出如图 5-15 所示操作窗口。然后选中需要查看的变量,单击鼠标右键选择"Add 'num' to…"下拉菜单中的"Watch 1",或者直接选中变量,拖拉至"Watch 1"窗口中以完成变量的添加;在程序运行过程中,可以看到变量 num 的值发生变化。重复上述步骤,可以完成多个变量的添加操作。

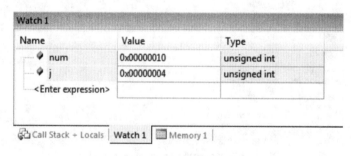

图 5-15 代码调试中查看选中变量值界面

思考与练习

1. 如何进行 MDK5.00 以上版本的开发环境的搭建?

2. 新建一个 MDK 工程,分别用 C 语言和汇编语言编写实现"5+13=18"的代码,并进行调试。

第6章 GPIO 编程

本章主要介绍 GPIO 的相关知识,在嵌入式系统中,常常有数量众多但结构比较简单的外部设备和电路,对于这些外部设备和电路,有的需要 CPU 提供控制手段,输出控制信号控制外部设备和电路,有的则需要被 CPU 用作输入信号。所以在嵌入式微处理器上一般都会提供一个被称为通用输入/输出接口,即 GPIO。GPIO 也被称为并行 I/O,由一组输入引脚、输出引脚或输入/输出引脚组成,CPU 对它们能够进行存取操作,是最基本的 I/O 形式。

GPIO 控制接口是接口技术中最简单的一种,S3C2440 微处理器共集成了 130 个 GPIO口,大多数外部设备只需要一位数据,就可以达到控制的目的,因此可以通过获取某个管脚的电平属性来达到判断外围设备的状态。掌握 GPIO 口的使用对于深入挖掘嵌入式处理器的潜能,特别在一些控制类领域起到非常重要的作用。该接口至少有两个寄存器,即"通用I/O 控制寄存器"和"通用 I/O 数据寄存器",其中数据寄存器的各位都直接引到芯片的外部,而对这种寄存器中每一位的作用,即每一位的信号流通方向,则可以通过对控制寄存器中的对应位进行独立的设置,比如可以设置某个管脚的属性为输入、输出或其他的特殊功能。

6.1 GPIO 控制器

6.1.1 GPIO 特性

S3C2440 嵌入式芯片包含了 130 个通用输入/输出 GPIO 引脚,这些引脚可以驱动 LED或其他指示设备、控制片外设备、探测数字输入信号和检测电平的跳变,还可以唤醒某个在省电模式中的外围设备,但一般与其他外围设备模块引脚复用,所以在某些应用场合不是所有的 GPIO 引脚都能使用。为了更好地管理这些引脚,按照默认功能将其进行了如下 9 组端口的分组。

(1) 端口 A(GPA):25 位输出端口,默认情况下作为地址输出引脚。

(2) 端口 B(GPB):11 位输入/输出端口,一般情况下作定时器输出和 DMA 引脚。

(3) 端口 C(GPC):16 位输入/输出端口,一般情况下作 LCD 屏引脚。

(4) 端口 D(GPD):16 位输入/输出端口,一般情况下作 LCD 屏数据引脚或者 SPI引脚。

(5) 端口 E(GPE):16 位输入/输出端口,一般情况下作 I^2C、I^2S 及 SD 卡引脚。

(6) 端口 F(GPF):8 位输入/输出端口,一般情况下作外扩中断 0~7 引脚。

(7) 端口 G(GPG):16 位输入/输出端口,一般情况下作外扩中断 8~23 引脚。

(8) 端口 H(GPH):11 位输入/输出端口,一般情况下用于串口 0~3。

(9) 端口 J(GPJ):13 位输入/输出端口,一般情况下用于 CAM。

在 S3C2440 微处理器中,端口引脚命名规则为:GP + 端口名 + 引脚号。比如:端口 A的第 0 个引脚,通常情况下称为 GPA0。若要使用某个引脚的功能,每个端口都可以简单地由软件配置为各种系统配置和设计要求。

6.1.2 GPIO 分组预览

S3C2440 微处理器有 9 组寄存器,每一组有多个引脚,每一个引脚至少有两个功能,因此，在软件启动之前必须在开始主程序前定义 I/O 接口的功能，具体 130 个多功能输入/输出接口如表 6-1～表 6-9 所示。

表 6-1　端口 A 配置

GPACON	位	可选引脚功能描述
GPA24	[24]	reserved
GPA23	[23]	reserved
GPA22	[22]	0＝output　　1＝nFCE
GPA21	[21]	0＝output　　1＝nRSTOUT nRSTOUT ＝ nRESET & nWDTRST & SW_RESET
GPA20	[20]	0＝output　　1＝nFRE
GPA19	[19]	0＝output　　1＝nFWE
GPA18	[18]	0＝output　　1＝ALE
GPA17	[17]	0＝output　　1＝CLE
GPA16	[16]	0＝output　　1＝nGCS5
GPA15	[15]	0＝output　　1＝nGCS4
GPA14	[14]	0＝output　　1＝nGCS3
GPA13	[13]	0＝output　　1＝nGCS2
GPA12	[12]	0＝output　　1＝nGCS1
GPA11	[11]	0＝output　　1＝ADDR26
GPA10	[10]	0＝output　　1＝ADDR25
GPA9	[9]	0＝output　　1＝ADDR24
GPA8	[8]	0＝output　　1＝ADDR23
GPA7	[7]	0＝output　　1＝ADDR22
GPA6	[6]	0＝output　　1＝ADDR21
GPA5	[5]	0＝output　　1＝ADDR20
GPA4	[4]	0＝output　　1＝ADDR19
GPA3	[3]	0＝output　　1＝ADDR18
GPA2	[2]	0＝output　　1＝ADDR17
GPA1	[1]	0＝output　　1＝ADDR16
GPA0	[0]	0＝output　　1＝ADDR0

表 6-2　端口 B 配置

GPBCON	位	可选引脚功能描述			
GPB10	[21:20]	00＝input	01＝output	10＝nXDREQ0	11＝reserved
GPB9	[19:18]	00＝input	01＝output	10＝nXDACK0	11＝reserved

GPBCON	位	可选引脚功能描述			
GPB8	[17:16]	00＝input	01＝output	10＝nXDREQ1	11＝reserved
GPB7	[15:14]	00＝input	01＝output	10＝nXDACK1	11＝reserved
GPB6	[13:11]	00＝input	01＝output	10＝nXBREQ	11＝reserved
GPB5	[11:10]	00＝input	01＝output	10＝nXBACK	11＝reserved
GPB4	[9:8]	00＝input	01＝output	10＝TCLK0	11＝reserved
GPB3	[7:6]	00＝input	01＝output	10＝TOUT3	11＝reserved
GPB2	[5:4]	00＝input	01＝output	10＝TOUT2	11＝reserved
GPB1	[3:2]	00＝input	01＝output	10＝TOUT1	11＝reserved
GPB0	[1:0]	00＝input	01＝output	10＝TOUT0	11＝reserved

表 6-3 端口 C 配置

GPCCON	位	可选引脚功能描述			
GPC15	[31:30]	00＝input	01＝output	10＝VD7	11＝reserved
GPC14	[29:28]	00＝input	01＝output	10＝VD6	11＝reserved
GPC13	[27:26]	00＝input	01＝output	10＝VD5	11＝reserved
GPC12	[25:24]	00＝input	01＝output	10＝VD4	11＝reserved
GPC11	[23:22]	00＝input	01＝output	10＝VD3	11＝reserved
GPC10	[21:20]	00＝input	01＝output	10＝VD2	11＝reserved
GPC9	[19:18]	00＝input	01＝output	10＝VD1	11＝reserved
GPC8	[17:16]	00＝input	01＝output	10＝VD0	11＝reserved
GPC7	[15:14]	00＝input	01＝output	10＝LCD_LPCREVB	11＝reserved
GPC6	[13:11]	00＝input	01＝output	10＝LCD_LPCREV	11＝reserved
GPC5	[11:10]	00＝input	01＝output	10＝LCD_LPCOE	11＝reserved
GPC4	[9:8]	00＝input	01＝output	10＝VM	11＝reserved
GPC3	[7:6]	00＝input	01＝output	10＝VFRAME	11＝reserved
GPC2	[5:4]	00＝input	01＝output	10＝VLINE	11＝reserved
GPC1	[3:2]	00＝input	01＝output	10＝VCLK	11＝reserved
GPC0	[1:0]	00＝input	01＝output	10＝LEND	11＝reserved

表 6-4 端口 D 配置

GPDCON	位	可选引脚功能描述			
GPD15	[31:30]	00＝input	01＝output	10＝VD23	11＝reserved
GPD14	[29:28]	00＝input	01＝output	10＝VD22	11＝reserved

GPDCON	位	可选引脚功能描述			
GPD13	[27:26]	00＝input	01＝output	10＝VD21	11＝reserved
GPD12	[25:24]	00＝input	01＝output	10＝VD20	11＝reserved
GPD11	[23:22]	00＝input	01＝output	10＝VD19	11＝reserved
GPD10	[21:20]	00＝input	01＝output	10＝VD18	11＝reserved
GPD9	[19:18]	00＝input	01＝output	10＝VD17	11＝reserved
GPD8	[17:16]	00＝input	01＝output	10＝VD16	11＝reserved
GPD7	[15:14]	00＝input	01＝output	10＝VD15	11＝reserved
GPD6	[13:11]	00＝input	01＝output	10＝VD14	11＝reserved
GPD5	[11:10]	00＝input	01＝output	10＝VD13	11＝reserved
GPD4	[9:8]	00＝input	01＝output	10＝VD12	11＝reserved
GPD3	[7:6]	00＝input	01＝output	10＝VD11	11＝reserved
GPD2	[5:4]	00＝input	01＝output	10＝VD10	11＝reserved
GPD1	[3:2]	00＝input	01＝output	10＝VD9	11＝reserved
GPD0	[1:0]	00＝input	01＝output	10＝VD8	11＝reserved

表 6-5 端口 E 配置

GPECON	位	可选引脚功能描述			
GPE15	[31:30]	00＝input	01＝output	10＝IICSDA	11＝reserved
		此引脚为开漏输出,没有上拉选项			
GPE14	[29:28]	00＝input	01＝output	10＝IICSCL	11＝reserved
		此引脚为开漏输出,没有上拉选项			
GPE13	[27:26]	00＝input	01＝output	10＝SPICLK0	11＝reserved
GPE12	[25:24]	00＝input	01＝output	10＝SPIMOSI0	11＝reserved
GPE11	[23:22]	00＝input	01＝output	10＝SPIMISO0	11＝reserved
GPE10	[21:20]	00＝input	01＝output	10＝SDDAT3	11＝reserved
GPE9	[19:18]	00＝input	01＝output	10＝SDDAT2	11＝reserved
GPE8	[17:16]	00＝input	01＝output	10＝SDDAT1	11＝reserved
GPE7	[15:14]	00＝input	01＝output	10＝SDDAT0	11＝reserved
GPE6	[13:11]	00＝input	01＝output	10＝SDCMD	11＝reserved
GPE5	[11:10]	00＝input	01＝output	10＝SDCLK	11＝reserved
GPE4	[9:8]	00＝input	01＝output	10＝I2SSDO	11＝AC_SDATA_OUT
GPE3	[7:6]	00＝input	01＝output	10＝I2SSDI	11＝AC_SDATA_IN
GPE2	[5:4]	00＝input	01＝output	10＝CDCLK	11＝AC_nRESET
GPE1	[3:2]	00＝input	01＝output	10＝I2SSCLK	11＝AC_BIT_CLK
GPE0	[1:0]	00＝input	01＝output	10＝I2SLRCK	11＝AC_SYNC

表 6-6 端口 F 配置

GPFCON	位	可选引脚功能描述			
GPF7	[15:14]	00＝input	01＝output	10＝EINT7	11＝reserved
GPF6	[13:11]	00＝input	01＝output	10＝EINT6	11＝reserved
GPF5	[11:10]	00＝input	01＝output	10＝EINT5	11＝reserved
GPF4	[9:8]	00＝input	01＝output	10＝EINT4	11＝reserved
GPF3	[7:6]	00＝input	01＝output	10＝EINT3	11＝reserved
GPF2	[5:4]	00＝input	01＝output	10＝EINT2	11＝reserved
GPF1	[3:2]	00＝input	01＝output	10＝EINT1	11＝reserved
GPF0	[1:0]	00＝input	01＝output	10＝EINT0	11＝reserved

表 6-7 端口 G 配置

GPGCON	位	可选引脚功能描述			
GPG15	[31:30]	00＝input	01＝output	10＝EINT23	11＝reserved
GPG14	[29:28]	00＝input	01＝output	10＝EINT22	11＝reserved
GPG13	[27:26]	00＝input	01＝output	10＝EINT21	11＝reserved
GPG12	[25:24]	00＝input	01＝output	10＝EINT20	11＝reserved
GPG11	[23:22]	00＝input	01＝output	10＝EINT19	11＝TCLK1
GPG10	[21:20]	00＝input	01＝output	10＝EINT18	11＝nCTS1
GPG9	[19:18]	00＝input	01＝output	10＝EINT17	11＝nRTS1
GPG8	[17:16]	00＝input	01＝output	10＝EINT16	11＝reserved
GPG7	[15:14]	00＝input	01＝output	10＝EINT15	11＝SPICLK1
GPG6	[13:11]	00＝input	01＝output	10＝EINT14	11＝SPIMOSI1
GPG5	[11:10]	00＝input	01＝output	10＝EINT13	11＝SPIMISO1
GPG4	[9:8]	00＝input	01＝output	10＝EINT12	11＝LCD_PWREN
GPG3	[7:6]	00＝input	01＝output	10＝EINT11	11＝nSS1
GPG2	[5:4]	00＝input	01＝output	10＝EINT10	11＝nSS0
GPG1	[3:2]	00＝input	01＝output	10＝EINT9	11＝reserved
GPG0	[1:0]	00＝input	01＝output	10＝EINT8	11＝reserved

表 6-8 　端口 H 配置

GPHCON	位	可选引脚功能描述			
GPH10	[21:20]	00＝input	01＝output	10＝CLKOUT1	11＝reserved1
GPH9	[19:18]	00＝input	01＝output	10＝CLKOUT0	11＝reserved
GPH8	[17:16]	00＝input	01＝output	10＝UEXTCLK	11＝reserved
GPH7	[15:14]	00＝input	01＝output	10＝RXD2	11＝nCTS1
GPH6	[13:11]	00＝input	01＝output	10＝TXD2	11＝nRTS1
GPH5	[11:10]	00＝input	01＝output	10＝RXD1	11＝SPIMISO1
GPH4	[9:8]	00＝input	01＝output	10＝TXD1	11＝LCD_PWREN
GPH3	[7:6]	00＝input	01＝output	10＝RXD0	11＝nSS1
GPH2	[5:4]	00＝input	01＝output	10＝TXD0	11＝nSS0
GPH1	[3:2]	00＝input	01＝output	10＝nRTS0	11＝reserved
GPH0	[1:0]	00＝input	01＝output	10＝nCTS0	11＝reserved

表 6-9 　端口 J 配置

GPJCON	位	可选引脚功能描述			
GPJ12	[25:24]	00＝input	01＝output	10＝CAMRESET	11＝reserved
GPJ11	[23:22]	00＝input	01＝output	10＝CAMCLKOUT	11＝reserved
GPJ10	[21:20]	00＝input	01＝output	10＝CAMHREF	11＝reserved
GPJ9	[19:18]	00＝input	01＝output	10＝CAMVSYNC	11＝reserved
GPJ8	[17:16]	00＝input	01＝output	10＝CAMPCLK	11＝reserved
GPJ7	[15:14]	00＝input	01＝output	10＝CAMDATA7	11＝reserved
GPJ6	[13:11]	00＝input	01＝output	10＝CAMDATA6	11＝reserved
GPJ5	[11:10]	00＝input	01＝output	10＝CAMDATA5	11＝reserved
GPJ4	[9:8]	00＝input	01＝output	10＝CAMDATA4	11＝reserved
GPJ3	[7:6]	00＝input	01＝output	10＝CAMDATA3	11＝reserved
GPJ2	[5:4]	00＝input	01＝output	10＝CAMDATA2	11＝reserved
GPJ1	[3:2]	00＝input	01＝output	10＝CAMDATA1	11＝reserved
GPJ0	[1:0]	00＝input	01＝output	10＝CAMDATA0	11＝reserved

6.1.3　GPIO 常用寄存器分类

每个引脚都可以用作多种用途,比如作为输入、输出或其他功能引脚,这些都是通过对寄存器的配置来完成。通常情况下,每组端口都有 2～3 个寄存器,包括端口控制寄存器、端口数据寄存器和端口上拉寄存器。

(1)端口控制寄存器(GPACON～GPJCON)。

在 S3C2440 中,大多数引脚都可复用,所以必须对每个引脚进行配置,端口控制寄存器(GPnCON)定义了每个引脚的功能,除了 A 端口,其他端口中,端口控制寄存器的每两位与端口的 1 个引脚对应。

(2) 端口数据寄存器(GPADAT~GPJDAT)。

端口数据寄存器中的每一位和端口引脚一一对应。若端口被配置成了输出端口,可以向 GPnDAT 的相应位写入数据;若端口被配置成了输入端口,可以从 GPnDAT 的相应位读出数据。

(3) 端口上拉寄存器(GPAUP~GPJUP)。

端口上拉寄存器中的每一位和端口引脚一一对应。端口上拉寄存器用来设定 GPB~GPJ 这几组端口是否具有内部上拉。当 GPnUP 的对应位为 0 时,该引脚上的上拉使能;当 GPnUP 的对应位为 1 时,该引脚上的上拉禁止。

GPIO 端口常用的寄存器如表 6-10～表 6-35 所示。

1. 端口 A 相关寄存器

表 6-10 端口 A 控制寄存器

寄 存 器	地 址	读/写	描 述	复 位 值
GPACON	0x56000000	R/W	配置端口 A 的引脚	0xFFFFFF
GPADAT	0x56000004	R/W	端口 A 数据寄存器	—
reserved	0x56000008	—	reserved	—
reserved	0x5600000C	—	reserved	—

表 6-11 端口 A 数据寄存器 GPADAT

GPADAT	位	描 述	初 始 状 态
GPA[24:0]	[24:0]	当配置为输出端口时,引脚状态将与相应位相同 当配置为功能引脚,将读取到未定义值	—

2. 端口 B 相关寄存器

表 6-12 端口 B 控制寄存器

寄 存 器	地 址	读/写	描 述	复 位 值
GPBCON	0x56000010	R/W	配置端口 B 的引脚	0x0
GPBDAT	0x56000014	R/W	端口 B 数据寄存器	—
GPBUP	0x56000018	R/W	端口 B 上拉使能寄存器	0x0
reserved	0x5600001C	—	reserved	—

表 6-13 端口 B 数据寄存器 GPBDAT

GPBDAT	位	描 述	初 始 状 态
GPB[10:0]	[10:0]	当配置为输入端口时,相应位为引脚状态 当配置为输出端口时,引脚状态将与相应位相同 当配置为功能引脚,将读取到未定义值	—

表 6-14　端口 B 上拉寄存器 GPBUP

GPBUP	位	描　　述	初始状态
GPB[10:0]	[10:0]	0:使能附加上拉功能到相应端口引脚 1:禁止附加上拉功能到相应端口引脚	0x0

3. 端口 C 相关寄存器

表 6-15　端口 C 控制寄存器

寄 存 器	地　　址	读/写	描　　述	复 位 值
GPCCON	0x56000020	R/W	配置端口 C 的引脚	0x0
GPCDAT	0x56000024	R/W	端口 C 数据寄存器	—
GPCUP	0x56000028	R/W	端口 C 上拉使能寄存器	0x0
reserved	0x5600002C	—	reserved	—

表 6-16　端口 C 数据寄存器 GPCDAT

GPCDAT	位	描　　述	初 始 状 态
GPC[15:0]	[15:0]	当配置为输入端口时,相应位为引脚状态 当配置为输出端口时,引脚状态将与相应位相同 当配置为功能引脚,将读取到未定义值	—

表 6-17　端口 C 上拉寄存器 GPCUP

GPCUP	位	描　　述	初 始 状 态
GPC[15:0]	[15:0]	0:使能附加上拉功能到相应端口引脚 1:禁止附加上拉功能到相应端口引脚	0x0

4. 端口 D 相关寄存器

表 6-18　端口 D 控制寄存器

寄 存 器	地　　址	读/写	描　　述	复 位 值
GPDCON	0x56000030	R/W	配置端口 D 的引脚	0x0
GPDDAT	0x56000034	R/W	端口 D 数据寄存器	—
GPDUP	0x56000038	R/W	端口 D 上拉使能寄存器	0xF000
reserved	0x5600003C	—	reserved	—

表 6-19　端口 D 数据寄存器 GPDDAT

GPDDAT	位	描　述	初 始 状 态
GPD[15:0]	[15:0]	当配置为输入端口时,相应位为引脚状态 当配置为输出端口时,引脚状态将与相应位相同 当配置为功能引脚,将读取到未定义值	—

表 6-20　端口 D 上拉寄存器 GPDUP

GPDUP	位	描　述	初 始 状 态
GPD[15:0]	[15:0]	0:使能附加上拉功能到相应端口引脚 1:禁止附加上拉功能到相应端口引脚	0xF000

5. 端口 E 相关寄存器

表 6-21　端口 E 控制寄存器

寄 存 器	地　　址	读/写	描　述	复 位 值
GPECON	0x56000040	R/W	配置端口 E 的引脚	0x0
GPEDAT	0x56000044	R/W	端口 E 数据寄存器	—
GPEUP	0x56000048	R/W	端口 E 上拉使能寄存器	0x0
reserved	0x5600004C	—	reserved	—

表 6-22　端口 E 数据寄存器 GPEDAT

GPEDAT	位	描　述	初 始 状 态
GPE[15:0]	[15:0]	当配置为输入端口时,相应位为引脚状态 当配置为输出端口时,引脚状态将与相应位相同 当配置为功能引脚,将读取到未定义值	—

表 6-23　端口 E 上拉寄存器 GPEUP

GPEUP	位	描　述	初 始 状 态
GPE[15:0]	[13:0]	0:使能附加上拉功能到相应端口引脚 1:禁止附加上拉功能到相应端口引脚	0x0

6. 端口 F 相关寄存器

表 6-24　端口 F 控制寄存器

寄 存 器	地　　址	读/写	描　述	复 位 值
GPFCON	0x56000050	R/W	配置端口 F 的引脚	0x0
GPFDAT	0x56000054	R/W	端口 F 数据寄存器	—
GPFUP	0x56000058	R/W	端口 F 上拉使能寄存器	0x00
reserved	0x5600005C	—	reserved	—

表 6-25　端口 F 数据寄存器 GPFDAT

GPFDAT	位	描　述	初 始 状 态
GPF[7:0]	[7:0]	当配置为输入端口时,相应位为引脚状态 当配置为输出端口时,引脚状态将与相应位相同 当配置为功能引脚,将读取到未定义值	—

表 6-26　端口 F 上拉寄存器 GPFUP

GPFUP	位	描　述	初 始 状 态
GPF[7:0]	[7:0]	0:使能附加上拉功能到相应端口引脚 1:禁止附加上拉功能到相应端口引脚	0x00

7. 端口 G 相关寄存器

表 6-27　端口 G 控制寄存器

寄 存 器	地　址	读/写	描　述	复 位 值
GPGCON	0x56000060	R/W	配置端口 G 的引脚	0x0
GPGDAT	0x56000064	R/W	端口 G 数据寄存器	—
GPGUP	0x56000068	R/W	端口 G 上拉使能寄存器	0xFC00
reserved	0x5600006C	—	reserved	

表 6-28　端口 G 数据寄存器 GPGDAT

GPGDAT	位	描　述	初 始 状 态
GPG[15:0]	[15:0]	当配置为输入端口时,相应位为引脚状态 当配置为输出端口时,引脚状态将与相应位相同 当配置为功能引脚,将读取到未定义值	—

表 6-29　端口 G 上拉寄存器 GPGUP

GPGUP	位	描　述	初 始 状 态
GPG[15:0]	[15:0]	0:使能附加上拉功能到相应端口引脚 1:禁止附加上拉功能到相应端口引脚	0xFC00

8. 端口 H 相关寄存器

表 6-30　端口 H 控制寄存器

寄 存 器	地　址	读/写	描　述	复 位 值
GPHCON	0x56000070	R/W	配置端口 H 的引脚	0x0
GPHDAT	0x56000074	R/W	端口 H 数据寄存器	—

寄 存 器	地　　址	读/写	描　　述	复 位 值
GPHUP	0x56000078	R/W	端口 H 上拉使能寄存器	0x000
reserved	0x5600007C	—	reserved	—

表 6-31　端口 H 数据寄存器 GPHDAT

GPHDAT	位	描　　述	初 始 状 态
GPH[10:0]	[10:0]	当配置为输入端口时,相应位为引脚状态 当配置为输出端口时,引脚状态将与相应位相同 当配置为功能引脚,将读取到未定义值	—

表 6-32　端口 H 上拉寄存器 GPHUP

GPHUP	位	描　　述	初 始 状 态
GPH[10:0]	[10:0]	0:使能附加上拉功能到相应端口引脚 1:禁止附加上拉功能到相应端口引脚	0x000

9. 端口 J 相关寄存器

表 6-33　端口 J 控制寄存器

寄 存 器	地　　址	读/写	描　　述	复 位 值
GPJCON	0x560000D0	R/W	配置端口 J 的引脚	0x0
GPJDAT	0x560000D4	R/W	端口 J 数据寄存器	—
GPJUP	0x560000D8	R/W	端口 J 上拉使能寄存器	0x0000
reserved	0x560000DC	—	reserved	—

表 6-34　端口 J 数据寄存器 GPJDAT

GPJDAT	位	描　　述	初 始 状 态
GPJ[12:0]	[12:0]	当配置为输入端口时,相应位为引脚状态 当配置为输出端口时,引脚状态将与相应位相同 当配置为功能引脚,将读取到未定义值	—

表 6-35　端口 J 上拉寄存器 GPJUP

GPJUP	位	描　　述	初 始 状 态
GPJ[12:0]	[12:0]	0:使能附加上拉功能到相应端口引脚 1:禁止附加上拉功能到相应端口引脚	0x000

6.2 GPIO 实例

6.2.1 电路原理

通过上一节的介绍,已经了解了 S3C2440 芯片 GPIO 接口的功能及 GPIO 控制器的配置方法,本节将通过一个简单的示例说明 S3C2440 的 GPIO 接口的应用。

示例将利用 S3C2440 的四个 I/O 口管脚 GPF5、GPC5、GPC6、GPC7,其中 GPF5 (EINT5)与按键连接,作为输入,GPC5、GPC6、GPC7 与三个 LED 连接,作为输出。通过按键 S1 控制核心板上 LED 灯 D1~D3 的亮灭,当按键按下时灯亮,放开时灯灭。如图 6-1 所示。

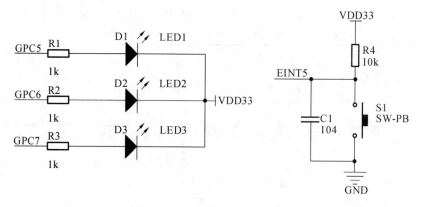

图 6-1 LED 与按键接线原理图

6.2.2 寄存器设置

为了实现按键控制 LED 的目的,需要配置 GPCCON 与 GPFCON 寄存器,并将 GPF5 设置为输入属性,配置 GPFCON[11:10]两位为"00",GPC5、GPC6、GPC7 设置为输出属性,配置 GPCCON[11:10]、GPCCON[13:12]、GPCCON[15:14]两位分别为"01"。

通过检测 GPFDAT[5]的电平特性,设置 GPCDAT[5]、GPCDAT[6]、GPCDAT[7]的电平属性,实现点亮与熄灭 LED。如配置 GPCDAT[5]为"0",可实现点亮 LED1;配置 GPCDAT[5]为"1",可实现熄灭 LED1。

对于本例来说,可不用设置上拉寄存器 GPFUP、GPCUP。

6.2.3 程序编写

```
# define GPFCON (* (volatile unsigned char * ) 0x56000050) //端口 F 的控制寄存器
# define GPFDAT (* (volatile unsigned char * ) 0x56000054) //端口 F 的数据寄存器
# define GPFUP (* (volatile unsigned char * ) 0x56000058)  //端口 F 的上拉寄存器
# define GPCCON (* (volatile unsigned char * ) 0x56000020) //端口 C 的控制寄存器
# define GPCDAT (* (volatile unsigned char * ) 0x56000024) //端口 C 的数据寄存器
# define GPCUP (* (volatile unsigned char * ) 0x56000028)  //端口 C 的上拉寄存器
# define  BIT  0x1< < 5
int Main(void)
{
    GPFCON= 0x00< < 5* 2;//设置 F 口的第 5 脚为输入,一个控制脚占两位,00 输入
```

```
GPCCON= 0x15< < 5* 2;//设置 C 口的 5、6、7 脚为输出,01 输出
GPCDAT= 0x00< < 5* 1;//设置 C 口初始值为 0,亮
while(1){
int i;
if(1= = (GPFDAT&BIT))   //按键弹开
for(i= 0;i< 5000000;i+ + );  //延时
if(1= = (GPFDAT&BIT))
GPCDAT= 0x03< < 5
else GPCDAT= 0x00< < 5   //按键按下
 }
}
```

思考与练习

1. 什么是 GPIO?

2. S3C2440A 有多少组 GPIO 端口?

3. 如何实现利用 S3C2440A 的 GPC12 控制 LED? 请画出原理图,并通过编程实现。

第7章 ARM 系统时钟及编程

本章介绍 ARM 系统的时钟系统,每一款处理器都有自己的一套时钟系统,学习并了解处理器系统时钟的相关知识,是学习一种处理器的重要环节。本章以 S3C2440A 芯片为例阐述 ARM 系统时钟,其主要内容包括 S3C2440A 时钟的产生过程、时钟源的选择、时钟的配置、S3C2440A 时钟配置寄存器描述,最后举例说明 S3C2440A 时钟源配置示例。

7.1 S3C2440A 时钟的产生过程

S3C2440A CPU 的默认工作主频有两种:12 MHz 和 16.9344 MHz,此频率也就是开发板上的外接晶振的频率,但一般 12 MHz 的晶振用得比较多。而 S3C2440A 上电正常工作后 CPU 主频可达 405 MHz,两者速度相差可想而知,若 CPU 工作在 12 MHz 频率下,开发板的使用效率非常低,所有依赖系统时钟工作的硬件,其工作效率也很低。硬件特性决定了任何一个设备都不可能无止境工作在更高频率下,计算机高频率下要考虑 CPU 及主板发热现象,ARM920T 内核的 S3C2440A 的最高正常工作频率如下:

```
FCLK:400MHz。
HCLK:100MHz。
PCLK:50MHz。
```

7.1.1 时钟产生

如图 7-1 所示的 S3C2440A 时钟结构框图,主时钟源来自外部晶振(XTIpll)或者外部时钟(EXTCLK),时钟控制逻辑单元能够产生 S3C2440A 需要的时钟信号,包括 CPU 使用的主频 FCLK、AHB 总线设备使用的 HCLK,以及 APB 总线设备使用的 PCLK。S3C2440A 内部有两个 PLL,即 MPLL 与 UPLL,MPLL 对应 FCLK、HCLK、PCLK,UPLL 对应的是 USB 使用 UCLK(常用频率为 48 MHz 和 96 MHz)。时钟控制逻辑单元可以在不使用 PLL 的情况下降低时钟 CLOCK 的频率,上电时,PLL 并没有被启动,FCLK=Fin=12 MHz(Fin 就是指开发板上外接的晶振频率),若要提高系统时钟频率,需要软件来启动 PLL。

7.1.2 模块对应的时钟

图 7-2 表示各模块对应所用的时钟,用来确定每一个模块由哪一个时钟提供。

前面已经介绍过,48 MHz 的 UPLL 主要为 USB 提供时钟,而 MPLL 为内部资源模块提供时钟,在图 7-2 中,主时钟经电源管理模块后分为 4 路时钟源,即 UCLK、FCLK、HCLK 和 PCLK。从该图中可以清晰地看到后三者的具体分配情况,其中 WDT、SPI、PWM、I^2C、SDI、ADC、UART、I^2S、GPIO、RTC 和 USB 设备均由 PCLK 提供时钟源,而内存控制器(MEMCNTL)、中断控制器(INTCNTL)、总线控制器(BUSCNTL)、ARB/DMA 控制器(ARB/DMA)、LCD 控制器(LCDCNTL)、Nand Flash 控制器(Nand Flash Controller)和 USB 主设备控制器(USBHostI/F)均由 HCLK 提供时钟源,而 FCLK 主要为 ARM920T 内核提供时钟源。

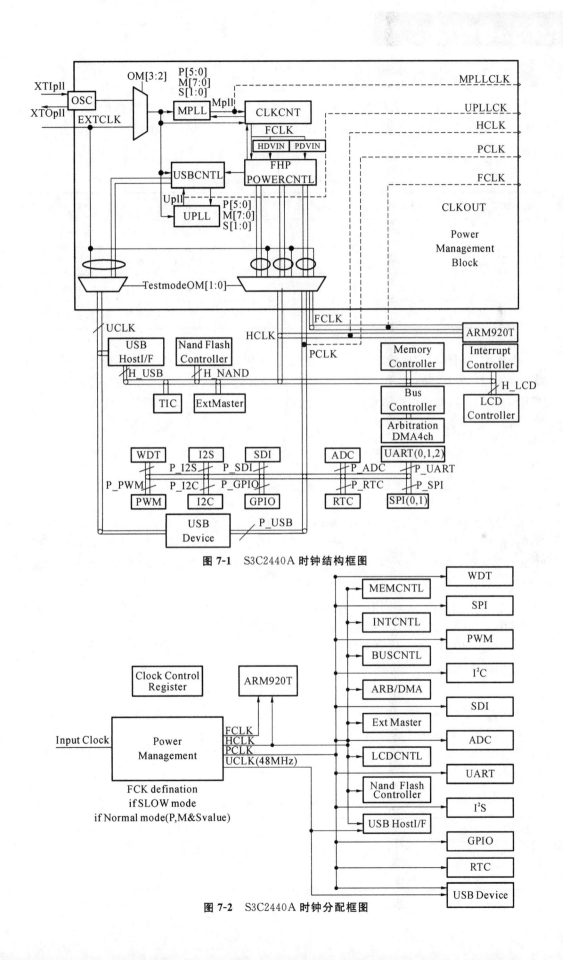

图 7-1　S3C2440A 时钟结构框图

图 7-2　S3C2440A 时钟分配框图

7.2　时钟源的选择

OM[3:2]这两个控制位的主要目的是控制 S3C2440A 微处理器的时钟源的选择，OM[3:2]的状态取决于 OM2 和 OM3 引脚的 nRESET 复位信号的上升沿，具体的控制方式如表 7-1 所示。

表 7-1　系统启动时的时钟源选择模式

模式 OM[3:2]	MPLL 状态	UPLL 状态	主要时钟源	USB 时钟源
00	On	On	Crystal	Crystal
01	On	On	Crystal	EXTCLK
10	On	On	EXTCLK	Crystal
11	On	On	EXTCLK	EXTCLK

虽然主锁相环在复位后就立即运行，但是它的输出不能用于系统时钟，除非以软件的形式向主锁相环寄存器输入有效的设置。在有效设置之前，外部晶振时钟或外部晶振源会直接用作系统时钟，即使用户不想改变主锁相环寄存器的默认值，也要重新向寄存器写入同一个数值。

7.3　时钟的配置

7.3.1　时钟 FCLK 与 UCLK

通过在片内集成的两个锁相环：MPLL 和 UPLL，可对输入的 Fin＝12 MHz 的晶振频率进行倍频。S3C2440A 使用了三个倍频因子 MDIV、PDIV 和 SDIV 来设置倍频，通过寄存器 MPLLCON 和 UPLLCON 可设置倍频因子。其中 MPLLCON 寄存器用于设置处理器内核时钟主频 FCLK，其输入/输出频率间的关系为

$$\text{FCLK} = \text{MPLL} = (2 \times m \times \text{Fin})/(p \times 2^s) \tag{7-1}$$

其中 $m = (\text{MDIV} + 8)$，$p = (\text{PDIV} + 2)$，$s = \text{SDIV}$。

其中 UPLLCON 寄存器用于产生 48 MHz 或 96 MHz 的频率，提供给 USB 时钟（UCLK），其输入/输出频率间的关系为

$$\text{UCLK} = \text{UPLL} = (m \times \text{Fin})/(p \times 2^s) \tag{7-2}$$

其中 $m = (\text{MDIV} + 8)$，$p = (\text{PDIV} + 2)$，$s = \text{SDIV}$。

S3C2440A 的数据手册中提供了一个表格来查询各个输出频率和输入频率所对应的 MPLL 中参数 m、p 和 s 的值，P、M、S 是配置锁相环的配比因子，使用的时候最好使用表 7-2 所推荐的数值。

表 7-2　MPLL 的 PMS 配置表

Input Frequency	Output Frequency	MDIV	PDIV	SDIV
12.0000 MHz	48.00 MHz	56(0x38)	2	2
12.0000 MHz	96.00 MHz	56(0x38)	2	1

Input Frequency	Output Frequency	MDIV	PDIV	SDIV
12.0000 MHz	271.50 MHz	173(0xad)	2	2
12.0000 MHz	304.00 MHz	68(0x44)	1	1
12.0000 MHz	405.00 MHz	127(0x7f)	2	1
12.0000 MHz	532.00 MHz	125(0x7d)	1	1
16.9344 MHz	47.98 MHz	60(0x3c)	4	2
16.9344 MHz	95.96 MHz	60(0x3c)	4	1
16.9344 MHz	266.72 MHz	118(0x76)	2	2
16.9344 MHz	296.35 MHz	97(0x61)	1	2
16.9344 MHz	399.65 MHz	110(0x6e)	3	1
16.9344 MHz	530.61 MHz	86(0x56)	1	1
16.9344 MHz	533.43 MHz	118(0x76)	1	1

例:通过表7-2,可以配置输入时钟为 12 MHz,输出时钟 FCLK 为 405 MHz,可以选择 MDIV 为 127,PDIV 为 2,SDIV 为 1。

7.3.2 时钟 HCLK 与 PCLK

除了可设置内核时钟 FCLK,还需要设置 AHB 总线设备使用的 HCLK 和 APB 总线设备使用的 PCLK。FCLK、HCLK、PCLK 三者之间的比例通过 CLKDIVN 寄存器进行设置, HDIVN 由 CLKDIVN 寄存器第 1、2 位控制,PDIVN 由 CLKDIVN 寄存器第 0 位控制,在 进行 S3C2440A 时钟设置时,还要额外设置 CAMDIVN 寄存器,如表 7-3 所示,HCLK4_ HALF、HCLK3_HALF 分别与 CAMDIVN[9:8]对应。

表 7-3 FCLK、HCLK、PCLK 设置比例

HDIVN	PDIVN	HCLK3_HALF/ HCLK4_HALF	FCLK	HCLK	PCLK	分　频　比
0	0	—	FCLK	FCLK	FCLK	1 : 1 : 1
0	1	—	FCLK	FCLK	FCLK/2	1 : 1 : 2
1	0	—	FCLK	FCLK/2	FCLK/2	1 : 2 : 2
1	1	—	FCLK	FCLK/2	FCLK/4	1 : 2 : 4
3	0	0/0	FCLK	FCLK/3	FCLK/3	1 : 3 : 3
3	1	0/0	FCLK	FCLK/3	FCLK/6	1 : 3 : 6
3	0	1/0	FCLK	FCLK/6	FCLK/6	1 : 6 : 6
3	1	1/0	FCLK	FCLK/6	FCLK/12	1 : 6 : 12
2	0	0/0	FCLK	FCLK/4	FCLK/4	1 : 4 : 4
2	1	0/0	FCLK	FCLK/4	FCLK/8	1 : 4 : 8

HDIVN	PDIVN	HCLK3_HALF/ HCLK4_HALF	FCLK	HCLK	PCLK	分 频 比
2	0	0/1	FCLK	FCLK/8	FCLK/8	1 : 8 : 8
2	1	0/1	FCLK	FCLK/8	FCLK/16	1 : 8 : 16

例:若主频 FLCK 是 400 MHz,如果按照 1 : 4 : 8 的设置,可以先设置 CLKDIVN 为 0101,然后设置 CAMDIVN 的第 9 位为 0(不设置的时候该位默认为 0),此时 HLCK 是 100 MHz,PLCK 是 50 MHz。

7.4 S3C2440A 时钟配置寄存器描述

设置 S3C2440A 的时钟频率需要配置 4 个寄存器:LOCKTIME、MPLLCON、UPLLCON、CLKDIVN。本节描述如何使用系统的特殊功能寄存器(SFR)来控制这些模块。

7.4.1 锁定时间计数寄存器(LOCKTIME)

系统一共有两个 PLL,倍频后开发板所有依赖时钟工作的硬件都需要一小段调整时间,该时间计数通过设置 LOCKTIME 寄存器[31:16]来设置 UPLL(USB 时钟锁相环)调整时间,通过设置 LOCKTIME 寄存器 [15:0]设置 MPLL 调整时间,这两个调整时间的数值一般用其默认值即可。表 7-4 显示了锁定时间计数寄存器(LOCKTIME),其位描述如表 7-5 所示。

表 7-4 锁定时间计数寄存器(LOCKTIME)

寄 存 器	地址/位	R/W	描 述	复 位 值
LOCKTIME	0x4C000000	R/W	PLL 锁定时间计数寄存器	0xFFFFFFFF

表 7-5 锁定时间计数寄存器(LOCKTIME)位描述

LOCKTIME	位	描 述	初 始 值
U_TIME	[31:16]	UPLL 对 UCLK 的锁定时间值（U_TIME:300us）	0xFFFF
M_TIME	[15:0]	MPLL 对于 FCLK、HCLK、PCLK 的锁定时间值（M_TIME:300us）	0xFFFF

7.4.2 PLL 控制寄存器

控制 PLL 输出时钟频率是由 P、S、M 的值决定的,可参考表 7-2 所示的配置。表 7-6 显示了 PLL 的控制寄存器。

表 7-6 PLL 的控制寄存器

PLL Control	地 址	R/W	描 述	初 始 值
MPLLCON	0x4C000004	R/W	UPLL 对 UCLK 的锁定时间值（U_TIME:300us）	0xFFFF
UPLLCON	0x4C000008	R/W	MPLL 对于 FCLK、HCLK、PCLK 的锁定时间值（M_TIME:300us）	0xFFFF

7.4.3 时钟分频器控制寄存器(CLKDIVN)

FCLK 在 CPU 上电后，晶振开始正常工作，此时 FCLK＝晶振频率，但此时不存在 MPLL，经过 PLL 电路后，得到 MPLL、UPLL。此时 FCLK＝MPLL。分频比为 FCLK：HCLK：PCLK＝1：4：8，这个分配标准是由 CLKDIVN 寄存器(见表 7-7)设定的，如表7-8 所示可知。

表 7-7　时钟分频器控制寄存器(CLKDIVN)

寄　存　器	地址/位	R/W	描　　述	复　位　值
CLKDIVN	0x4C000014	R/W	时钟分频器控制寄存器	0x00000000

表 7-8　HDIVN 与 PDIVN 对应比例

CLKDIVN	Bit	Description	Initial State
DIVN_UPLL	[3]	UCLK select register(UCLK must be 48 MHz for USB) 0：UCLK＝UPLL clock 1：UCLK＝UPLL clock/2 Set to 0，when UPLL clock is set as 48 MHz Set to 1，when UPLL clock is set as 96 MHz	0
HDIVN	[2:1]	00：HCLK＝FCLK/1 01：HCLK＝FCLK/2 10：HCLK＝FCLK/4 when CAMDIV[9]＝0 HCLK＝FCLK/8 when CAMDIV[9]＝1 11：HCLK＝FCLK/3 when CAMDIV[8]＝0 HCLK＝FCLK/6 when CAMDIV[8]＝1	00
PDVIN	[0]	0：PCLK has the clock same as the HCLK/1 1：PCLK has the clock same as the HCLK/2	0

7.5　S3C2440A 时钟源配置实例

以下是使用汇编代码进行的时钟初始化部分，对系统时钟进行配置，设置 S3C2440A 的时钟频率就是设置 MPLL 的几个寄存器。

```
        ;系统时钟初始化实验
    LOCKTIME   EQU    0x4c000000   ;变频锁定时间寄存器
    MPLLCON    EQU    0x4c000004   ;MPLL 寄存器
    CLKDIVN    EQU    0x4c000014   ;分频比寄存器
    CAMDIVN    EQU    0x4c000018   ;摄像头时钟分频控制寄存器
```

LOCKTIME：设为 0x00ffffff，MPLL 启动后需要等待一段时间，待其输出稳定。位[23:12]用于 UPLL，位[11:0]用于 MPLL。使用默认值 0x00ffffff 即可。

```
clock_init   ;时钟初始化代码
;设置锁频时间
ldr r0, = LOCKTIME   ;取得 LOCKTIME 寄存器地址
ldr r1, = 0x00ffffff   ;LOCKTIME 寄存器设置数据
    str r1, [r0]   ;将 LOCKTIME 设置数据写入 LOCKTIME 寄存器
;SCLKDIVN:用来设置 FCLK：HCLK：PCLK 的比例关系,默认为 1：1：1
;这里值设为 0x05(HDIVN= 2, PDIVN= 1),即 FCLK：HCLK：PCLK= 1：4：8,以下代码为设置
;分频数
ldr r0, = CLKDIVN   ;取得 CLKDIVN 寄存器地址
mov r1, # 0x05   ;CLKDIVN 寄存器设置数据
str r1, [r0]   ;将 CLKDIVN 设置数据写入 CLKDIVN 寄存器
;修改 CPU 总线模式
mrc    p15, 0, r1, c1, c0, 0
orr    r1, r1, # 0xc0000000
mcr    p15, 0, r1, c1, c0, 0

ldr r0, = MPLLCON
ldr r1, = 0x5c011   ;MPLL is 400 MHz
str r1, [r0]
mov pc, lr
```

使用上面的代码可以对系统的时钟进行初始化,默认输入的时钟频率为 12 MHz。该汇编代码入口处先设置了变频锁定时间为 0x00ffffff,然后设置了 FCLK：HCLK：PCLK 的分频比,由于系统时钟已经改变,需要修改 CPU 总线模式,最后设计系统时钟的工作频率,初始化后可以计算出 FCLK＝400 MHz,再由 CLKDIVN 的设置可知：HCLK＝100 MHz,PCLK＝50 MHz。

思考与练习

1. ARM 的 AMBA 是什么？FCLK、PCLK 和 HCLK 三者之间的关系是什么？
2. 时钟源是怎样产生的？

第 8 章 ＡＲＭ 异常处理及编程

绝大多数的处理器都支持特定的异常处理。中断也是异常的一种。了解处理器的异常处理相关知识，是学习一种处理器的重要环节。

本章的主要内容：
- ARM 异常中断处理概述。
- ARM 体系异常种类。
- ARM 异常的优先级。
- ARM 处理器模式和异常。
- ARM 异常响应和处理程序返回。
- ARM 的 SWI 异常中断处理程序设计。
- FIQ 和 IRQ 异常中断程序设计。

8.1 ARM 中断异常处理概述

8.1.1 中断的概念

我们可以从生活中引入一个例子告诉大家什么叫中断。你正在家中看电视剧，突然送快递的按响了你家门铃，于是你暂停了电视，去门口开门，和快递员简单交谈后，签收快递，回来继续看你的电视。这就是生活中的"中断"现象，即正常的工作过程被外部的事件打断了。

在处理器中，所谓中断，是一个过程，即 CPU 在正常执行程序的过程中，遇到外部/内部的紧急事件需要处理，暂时中断（中止）当前程序的执行，而转去为事件服务，待服务完毕，再返回到暂停处（断点）继续执行原来的程序。为事件服务的程序称为中断服务程序或中断处理程序。严格来说，上面的描述是针对硬件事件引起的中断而言的。用软件方法也可以引起中断，即事先在程序中安排特殊的指令，CPU 执行到该类指令时，转去执行相应的一段预先安排好的程序，然后再返回来执行原来的程序，这可称为软中断。把软中断考虑进去，可给中断再下一个定义：中断是一个过程，是 CPU 在执行当前程序的过程中因硬件或软件的原因插入了另一段程序运行的过程。因硬件原因引起的中断过程的出现是不可预测的，即随机的，而软中断是事先安排好的。

8.1.2 中断源及中断优先级的概念

仔细研究一下生活中的中断，对于理解中断的概念也很有好处。什么可以引起中断，生活中很多事件可以引起中断：有人按门铃了，电话铃响了，你的闹钟响了，你烧的水开了……诸如此类的事件。我们把可以引起中断的信号源称为中断源。

设想一下，我们正在看书，电话铃响了，同时又有人按了门铃，你该先做什么呢？如果你正在等一个很重要的电话，一般不会去理会门铃；反之，如果你正在等一位重要的客人，则可能就不会去理会电话了。如果不是这两种情况（既不等电话，也不等人上门），你可能会按你通常的习惯去处理。总之，这里存在一个优先级的问题，在处理器中也是如此，也有优先级的问题。即同时有多个中断源递交中断申请时中断控制器对中断源的响应优先级别。需要注意的是,优先级的问题不仅仅发生在两个中断同时产生的情况,也发生在一个中断已产生,又有一个新中断产生的情况。比如,你正接电话,有人按门铃的情况,或你正开门与人交谈,又有电话响了的情况。这时也需要根据中断源的优先级来决定下一个动作。

ARM 处理器中有 7 种类型的异常,按优先级从高到低的排列如下:复位异常(reset)、数据异常(data abort)、快速中断异常(FIQ)、外部中断异常(IRQ)、预取异常(prefetch abort)、软中断异常(SWI)和未定义指令异常(undefined interrupt)。

> **注意**:在 ARM 处理器中,异常(exception)和中断(interrupt)有些差别,异常主要是从处理器被动接受异常的角度出发,而中断带有向处理器主动申请的色彩。在本书中,对"异常"和"中断"不做严格区分,两者都是指请求处理器打断正常的程序执行流程,进入特定程序循环的一种机制。

8.2 ARM 体系异常种类

在 ARM 体系结构中,存在 7 种异常类型,如表 8-1 所示。当异常发生时,处理器会把 PC 设置为一个特定的存储器地址。这一地址放在被称为向量表(vector table)的特定地址范围内。向量表的入口是一些跳转指令,跳转到专门处理某个异常或中断的子程序。

存储器映射地址 0x00000000 是为向量表(一组 32 位字)保留的。在有些处理器中,向量表可以选择定位在存储空间的高地址。一些嵌入式操作系统,如 Linux 和 Windows CE 就利用了这一特性。

表 8-1　ARM 的 7 种异常类型

异 常 类 型	处理器模式	执行低地址	执行高地址
复位异常(reset)	特权模式	0x00000000	0xFFFF0000
未定义指令异常(undefined interrupt)	未定义指令中止模式	0x00000004	0xFFFF0004
软中断异常(SWI)	特权模式	0x00000008	0xFFFF0008
预取异常(prefetch abort)	数据访问中止模式	0x0000000C	0xFFFF000C
数据异常(data abort)	数据访问中止模式	0x00000010	0xFFFF0010
外部中断异常(IRQ)	外部中断请求模式	0x00000018	0xFFFF0018
快速中断异常(FIQ)	快速中断请求模式	0x0000001C	0xFFFF001C

异常处理向量表如图 8-1 所示。

当异常发生时,分组寄存器 r14 和 SPSR 用于保存处理器状态,操作伪指令如下:

```
r14_< exception_mode> = return link
SPSR_< exception_mode> = CPSR
CPSR[4:0] = exception mode number
CPSR[5] = 0    /* 进入 ARM 状态* /
if < exception_mode> = = reset or FIQ then
     CPSR[6] = 1 /* 屏蔽快速中断 FIQ* /
     CPSR[7] = 1 /* 屏蔽外部中断 IRQ* /
     PC = exception vector address
```

快速中断异常FIQ	0x1C
外部中断异常IRQ	0x18
保留	
数据异常	0x10
预取异常	0x0C
软中断异常	0x08
未定义指令异常	0x04
复位异常	0x00

异常返回时,SPSR 内容恢复到 CPSR,链接寄存器 r14 的内容恢复到程序计数器 PC。

图 8-1 异常处理向量表

8.2.1 复位异常

当处理器的复位引脚有效时,系统产生复位异常中断,程序跳转到复位异常中断处理程序处执行。复位异常中断通常用于系统上电和系统复位两种情况。

当复位异常时,系统(处理器自动执行的,以下几个异常相同)执行下列伪操作。

```
r14_svc = UNPREDICTABLE value
SPSR_svc = UNPREDICTABLE value
CPSR[4:0] = 0b10011 /* 进入特权模式* /
CPSR[5] = 0      /* 处理器进入 ARM 状态* /
CPSR[6] = 1      /* 禁止快速中断* /
CPSR[7] = 1      /* 禁止外设中断* /
if high vectors configured then
    PC = 0xffff0000
else
    PC = 0x00000000
```

复位异常中断处理程序将进行一些初始化工作,内容与具体系统相关。复位异常中断处理程序的主要功能具体如下。

(1)设置异常中断向量表。

(2)初始化数据栈和寄存器。

(3)初始化存储系统,如系统中的 MMU 等。

(4)初始化关键的 I/O 设备。

(5)使能中断。

(6)处理器切换到合适的模式。

(7)初始化 C 变量,跳转到应用程序执行。

8.2.2 未定义指令异常

当 ARM 处理器执行协处理器指令时,它必须等待一个外部协处理器应答后,才能真正执行这条指令。若协处理器没有响应,则发生未定义指令异常。未定义指令异常可用于在没有物理协处理器的系统上,对协处理器进行软件仿真,或通过软件仿真实现指令集扩展。例如,在一个不包含浮点运算的系统中,CPU 遇到浮点运算指令时,将发生未定义指令异常中断,在该未定义指令异常中断的处理程序中可以通过其他指令序列仿真浮点运算指令。

仿真功能可以通过下面的步骤实现。

(1) 将仿真程序入口地址链接到向量表中未定义指令异常中断入口处(0x00000004 或 0xffff0004),并保存原来的中断处理程序。

(2) 读取该未定义指令的 bits[27:24],判断其是否是一条协处理器指令。如果 bits[27:24]值为 0b1110 或 0b110x,该指令是一条协处理器指令;否则,由软件仿真实现协处理器功能,可以通过 bits[11:8]来判断要仿真的协处理器功能(类似于 SWI 异常实现机制)。

(3) 如果不仿真该未定义指令,程序跳转到原来的未定义指令异常中断的中断处理程序行。

当未定义指令异常发生时,系统执行下列伪操作。

```
r14_und = address of next instruction after the undefined instruction
SPSR_und = CPSR
CPSR[4:0] = 0b11011     /* 进入未定义指令模式*/
CPSR[5] = 0             /* 处理器进入 ARM 状态*/
/* CPSR[6]保持不变*/
CPSR[7] = 1             /* 禁止外设中断*/
if high vectors configured then
     PC = 0xffff0004
else
     PC = 0x00000004
```

8.2.3　软中断异常

软中断异常发生时,处理器进入特权模式,执行一些特权模式下的操作系统功能。软中断异常发生时,处理器执行下列伪操作。

```
r14_svc = address of next instruction after the SWI instruction
SPSR_und = CPSR
CPSR[4:0] = 0b10011   /* 进入特权模式*/
CPSR[5] = 0       /* 处理器进入 ARM 状态*/
/* CPSR[6]保持不变*/
CPSR[7] = 1       /* 禁止外设中断*/
if high vectors configured then
     PC = 0xffff0008
else
     PC = 0x00000008
```

8.2.4　预取异常

预取异常是由系统存储器报告的。当处理器试图去取一条被标记为预取无效的指令时,会发生预取异常。

如果系统中不包含 MMU,指令预取异常中断处理程序只是简单地报告错误并退出;若包含 MMU,引起异常的指令的物理地址将被存储到内存中。

预取异常发生时,处理器执行下列伪操作。

```
r14_svc =  address of the aborted instruction +  4
SPSR_und =  CPSR
CPSR[4：0] =  0b10111 /* 进入特权模式* /
CPSR[5] = 0       /* 处理器进入 ARM 状态* /
/* CPSR[6]保持不变* /
CPSR[7] = 1       /* 禁止外设中断* /
if  high vectors configured then
     PC =  0xffff000C
else
     PC =  0x0000000C
```

8.2.5　数据异常

数据异常时由存储器发出数据中止信号,它由存储器访问指令 Load/Store 产生。当数据访问指令的目标地址不存在或者该地址不允许当前指令访问时,处理器产生数据访问中止异常。当数据异常发生时,处理器执行下列伪操作。

```
r14_abt =  address of the aborted instruction +  8
SPSR_abt =  CPSR
CPSR[4：0] =  0b10111
CPSR[5] = 0
/* CPSR[6]保持不变* /
CPSR[7] = 1                  /* 禁止外设中断* /
if  high vectors configured then
     PC =  0xffff000C10
else
     PC =  0x00000010
```

当数据访问中止异常发生时,寄存器的值将根据以下规则进行修改。

(1) 返回地址寄存器 r14 的值只与发生数据异常的指令地址有关,与 PC 值无关。

(2) 如果指令中没有指定基址寄存器回写,则基址寄存器的值不变。

(3) 如果指令中指定了基址寄存器回写,则寄存器的值和具体芯片的 Abort Models 有关,由芯片的生产商指定。

(4) 如果指令只加载一个通用寄存器的值,则通用寄存器的值不变。

(5) 如果是批量加载指令,则寄存器中的值不可预知。

(6) 如果指令加载协处理器寄存器的值,则被加载寄存器的值不可预知。

8.2.6　外部中断异常

当处理器的外部中断请求引脚有效,而且 CPSR 寄存器的 I 控制位被清除时,处理器产生外部中断异常。系统中各外部设备通常通过该异常中断请求处理器服务。

当外部中断异常发生时,处理器执行下列伪操作。

```
r14_irq =  address of next instruction to be executed +  4
SPSR_irq =  CPSR
CPSR[4：0] =  0b10010 /* 进入特权模式* /
CPSR[5] = 0       /* 处理器进入 ARM 状态* /
/* CPSR[6]保持不变* /
```

```
CPSR[7] = 1      /* 禁止外设中断* /
if  high vectors configured then
     PC = 0xffff0018
else
     PC = 0x00000018
```

8.2.7 快速中断异常

当处理器的快速中断请求引脚有效且 CPSR 寄存器的 F 控制位被清除时,处理器产生快速中断异常。当快速中断异常发生时,处理器执行下列伪操作。

```
r14_fiq =  address of next instruction to be executed +  4
SPSR_fiq =  CPSR
CPSR[4:0] = 0b10001               /* 进入 FIQ 模式* /
CPSR[5] = 0
CPSR[6] = 1
CPSR[7] = 1
if  high vectors configured then
     PC= 0xffff001c
else
     PC =  0x0000001c
```

8.3　ARM 异常的优先级

每一种异常将会按表 8-2 中设置的优先级得到处理。

表 8-2　异常优先级

优　先　级		异　　常
最高	1	复位异常
	2	数据异常
	3	快速中断异常
	4	外部中断异常
	5	顶取异常
	6	软中断异常
最低	7	未定义指令异常

异常可以同时发生,此时处理器按表 8-2 中设置的优先级顺序处理异常。例如,处理器上电时发生复位异常,复位异常的优先级最高,它将优先于其他异常得到处理。同样,当一个数据异常发生时,它将优先于除复位异常外的其他所有异常而得到处理。

优先级最低的两种异常是软件中断异常和未定义指令异常。因为正在执行的指令不可能既是一条软中断指令,又是一条未定义指令,所以软中断异常和未定义指令异常享有相同的优先级。

8.4　ARM 处理器模式和异常

每一种异常都会导致内核进入一种特定的模式。ARM 处理器异常及其对应模式如表 8-3 所示。此外，也可以通过编程改变 CPSR，进入任何一种 ARM 处理器模式。

注意：用户模式和系统模式是仅有的不可通过异常进入的两种模式，也就是说，要进入这两种模式，必须通过编程改变 CPSR。

表 8-3　ARM 处理器异常及其对应模式

异　常	模　式	用　途
快速中断异常	FIQ	进行快速中断请求处理
外部中断请求	IRQ	进行外部中断请求处理
软中断异常	SVC	进行操作系统的高级处理
复位异常	SVC	进行操作系统的高级处理
预取异常	Abort	虚存和存储器保护
数据异常	Abort	虚存和存储器保护
未定义指令异常	Undefined	软件模拟硬件协处理器

8.5　ARM 异常响应和处理程序返回

8.5.1　中断响应的概念

中断的响应过程：当有事件发生，进入中断之前我们必须先记住现在看到书的第几页了，或拿一个书签放在当前页的位置，然后去处理不同的事情（因为处理完了，我们还要回来继续看书），如电话铃响我们要到放电话的地方去，门铃响我们要到门那边去，也就是说不同的中断，我们要在不同的地点处理，而这个地点通常不是固定的。

通常，中断响应大致可以分为以下几个步骤。

（1）保护断点，即保存下一个将要执行的指令的地址，就是把这个地址送入堆栈。

（2）寻找中断入口，根据不同的中断源所产生的中断，查找不同的入口地址。

（3）执行中断处理程序。

（4）中断返回，执行完中断指令后，就从中断处返回到主程序，继续执行。

8.5.2　ARM 异常响应流程

1.判断处理器状态

当异常发生时，处理器自动切换到 ARM 状态，所以在异常处理函数中要判断在异常发生前处理器是 ARM 状态还是 Thumb 状态。这可以通过检测 SPSR 的 T 位来判断。

通常情况下，只有在 SWI 处理函数中才需要知道异常发生前处理器的状态。所以在Thumb 状态下，调用 SWI 软中断异常必须注意以下两点。

（1）发生异常的指令地址为(LR-2)而不是(LR-4)。

（2）Thumb 状态下的指令是 16 位的，在判断中断向量号时使用半字加载指令 LDRH。

2. 向量表

如前面介绍向量表时提到的,每一个异常发生时总是从异常向量表开始跳转。最简单的一种情况是向量表里面的每一条指令直接跳向对应的异常处理函数。其中快速中断处理函数 FIQ_Handler() 可以直接从地址 0x1C 处开始,省下一条跳转指令,如图 8-2 所示。

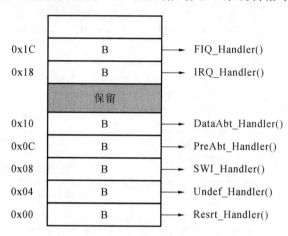

图 8-2　异常处理向量表

跳转指令 B 的跳转范围为 ±32 MB,但很多情况下不能保证所有的异常处理函数都定位在向量的 32 MB 范围内,而可能需要更大范围的跳转,而且由于向量表空间的限制,只能由一条指令完成。具体实现方法有下面两种。

1) MOV　PC,♯imme_value

这种办法将目标地址直接赋值给 PC。但这种方法受格式限制不能处理任意立即数。这个立即数由一个 8 位数值循环右移偶数位得到。

2) LDR　PC,[PC+offset]

把目标地址先存储在某一个合适的地址空间,然后把这个存储器单元的 32 位数据传送给 PC 来实现跳转。这种方法对目标地址值没有要求,但是存储目标地址的存储器单元必须在当前指令的 ±4 KB 空间范围内。

注意:在计算指令中引用 offset 数值时,要考虑处理器流水线中指令预取对 PC 值的影响。

8.5.3　从异常处理程序中返回

当一个 ARM 异常处理返回时,一共有 3 件事情需要处理:通用寄存器的恢复、状态寄存器的恢复及 PC 指针的恢复。通用寄存器的恢复采用一般的堆栈操作指令即可,下面重点介绍状态寄存器的恢复及 PC 指针的恢复。

1. 恢复被中断程序的处理器状态

PC 和 CPSR 的恢复可以通过一条指令来实现,下面是 3 个例子。

(1) MOVS　PC,LR

(2) SUBS　PC,LR,♯4

(3) LDMFD　SP!,{PC}^

这几条指令是普通的数据处理指令,特殊之处在于它们把程序计数器寄存器 PC 作为目标寄存器,并且带了特殊的后缀"S"或"ˆ"。其中"S"或"ˆ"的作用就是使指令在执行时,同时完成从 SPSR 到 CPSR 的复制,达到恢复状态寄存器的目的。

2. 异常的返回地址

异常返回时,另一个非常重要的问题就是返回地址的确定。前面提到过,处理器进入异常时会有一个保存 LR 的动作,但是该保持值并不一定是正确中断的返回地址。以一个简单的指令执行流水状态图来对此加以说明,如图 8-3 所示。

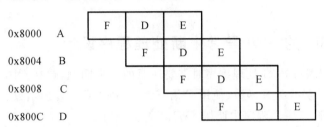

图 8-3 3 级流水线示例

在 ARM 架构中,PC 值指向当前执行指令地址加 8。也就是说,当执行指令 A(地址 0x8000)时,PC 等于 0x8000+8=0x8008,即等于指令 C 的地址。假设指令 A 是 BL 指令,则当执行时,会把 PC 值(0x8008)保存到 LR 寄存器。但是,接下来处理器会对 LR 进行一次自动调整,使 LR=LR−0x04。所以,最终保存在 LR 里的是如图 8-3 所示的 B 指令地址。所以当从 BL 返回时,LR 里面正好是正确的返回地址。

同样的跳转机制在所有的 LR 自动保存操作中都存在。当进入中断响应时,处理器对保存的 LR 也进行一次自动调整,并且跳转动作也是 LR=LR−0x04。由此,就可以对不同异常类型的返回地址依次比较。

假设在指令 B 处(地址 0x8004)发生了异常,进入异常响应后,LR 经过跳转保存的地址值应该是 C 的地址 0x8008。

1) 软中断异常

如果发生软中断异常,即指令 B 为 SWI 指令,从 SWI 中断返回后下一条执行指令就是 C,正好是 LR 寄存器保存的地址,所以直接把 LR 恢复给 PC 即可。

2) IRQ 或 FIQ 异常

如果发生的是 IRQ 或 FIQ 异常,因为外部中断请求中断了正在执行的指令 B,当中断返回后,需要重新回到 B 指令执行,也就是说,返回地址应该是 B 的地址(0x8004),需要把 LR 减 4 送 PC。

3) 数据中止异常

在指令 B 处进入数据异常的响应,但导致数据异常的原因却应该是上一条指令 A。当中断处理程序恢复数据异常后,要回到 A 重新执行导致数据异常的指令,因此返回地址应该是 LR 加 8。为方便起见,表 8-4 中总结了各类异常和返回地址的关系。

表 8-4 异常和返回地址

异　　常	返回地址	用　　途
复位	—	复位没有定义 LR
数据中止	LR−8	指向导致数据中止异常的指令
FIQ	LR−4	指向发生异常时正在执行的指令
IRQ	LR−4	指向发生异常时正在执行的指令

续表

异　　常	返 回 地 址	用　　途
预取指令中止	LR−4	指向导致预取指令异常的那条指令
SWI	LR	执行 SWI 指令的下一条指令
未定义指令	LR	指向未定义指令的下一条指令

8.6 ARM 的 SWI 异常中断处理程序设计

本节主要介绍编写 SWI 处理程序时需要注意的几个问题,包括判断 SWI 中断号、使用汇编语言编写 SWI 异常处理函数、使用 C 语言编写 SWI 异常处理函数、在特权模式下使用 SWI 异常中断处理、从应用程序中调用 SWI。

8.6.1 判断 SWI 中断号

当发生 SWI 异常,进入异常处理程序时,异常处理程序必须提取 SWI 中断号,从而得到用户请求的特定 SWI 功能。

在 SWI 指令的编码格式中,后 24 位称为指令的"comment field"。该域保存的 24 位数,即为 SWI 指令的中断号,如图 8-4 所示。

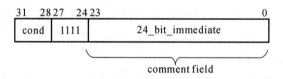

图 8-4　SWI 指令编码格式

第一级的 SWI 处理函数通过 LR 寄存器内容得到 SWI 指令地址,并从存储器中得到 SWI 指令编码。通常这些工作通过汇编语言、内嵌汇编来完成。下面的例子显示了提取中断向量号的标准过程。

```
.SWI_Handler:
STMFD sp!,{r0-r12,lr}    ;保存寄存器
LDR r0,[lr,# -4]         ;计算 SWI 指令地址
BIC r0,r0,# 0xff000000   ;提取指令编码的后 24 位
;
; 提取出的中断号放 r0 寄存器,函数返回
;
LDMFD sp!, {r0-r12,pc}^ ;恢复寄存器
```

在这个例子中,使用 LR−4 得到 SWI 指令的地址,再通过"BIC r0, r0, ♯0xff000000"指令提取 SWI 指令中断号。

8.6.2 使用 C 语言编写 SWI 异常处理函数

虽然第一级 SWI 处理函数(完成中断向量号的提取)必须用汇编语言完成,但第二级中断处理函数(根据提取的中断向量号,跳转到具体处理函数)却可以使用 C 语言来完成。

因为第一级的中断处理函数已经将中断号提取到寄存器 r0 中,所以根据 AAPCS 函数调用规则,可以直接使用 BL 指令跳转到 C 语言函数,而且中断向量号作为第一个参数被传

递到 C 函数。例如,汇编中使用了"BL　C_SWI_Handler"跳转到 C 语言的第二级处理函数,而第二级的 C 语言函数示例如下:

```
void C_SWI_handler (unsigned number)
{
    switch (number)
     {
      case 0 : /*  SWI number 0 code * /
      break;
      case 1 : /*  SWI number 1 code * /
      break;
       ⋮
      default : /*  Unknown SWI - report error * /
     }
}
```

另外,如果需要传递的参数多于 1 个,那么可以使用堆栈,将堆栈指针作为函数的参数传递给 C 类型的二级中断处理程序,就可以实现在两级中断之间传递多个参数。

例如:

```
MOV r1, sp                  ;将传递的第二个参数(堆栈指针)放到 r1 中
BL C_SWI_Handler            ;调用 C 函数
```

相应的 C 函数的入口变为:

```
void C_SWI_handler(unsigned number, unsigned * reg)
```

同时,C 函数也可以通过堆栈返回操作的结果。

8.6.3　从应用程序中调用 SWI

可从汇编语言或 C/C++ 中调用 SWI。

从汇编语言程序中调用 SWI,只要遵循 AAPCS 标准即可。调用前,设定所有必需的值并发出相关的 SWI。例如:

```
MOV r0, # 65           ;将软中断的子功能号放到 r0 中
SWI 0x0
```

注意:SWI 指令和其他所有 ARM 指令一样,可以被有条件执行。

8.7　FIQ 和 IRQ 中断

8.7.1　中断分支

1. 软件控制中断分支

ARM 内核只有两个外部中断输入信号 nFIQ 和 nIRQ。但对于一个系统来说,中断源可能多达几十个。为此,在系统集成时,一般都会有一个异常控制器来处理异常信号,如图 8-5 所示。

这时候用户程序可能存在多个 IRQ/FIQ 的中断处理函数。为了使从向量表开始的跳转始终能找到正确的处理函数入口,需要设置处理机制和方法。在以往的 ARM 芯片中采

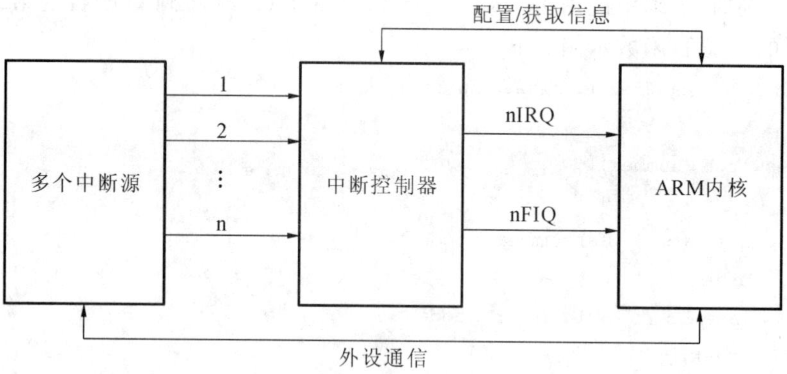

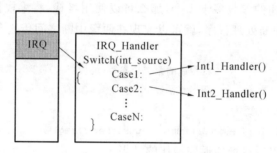

图 8-5　中断系统

用的是使用软件来处理异常分支,因为软件可以通过读取中断控制器来获得中断源的信息,从而达到中断分支的目的,如图 8-6 所示。

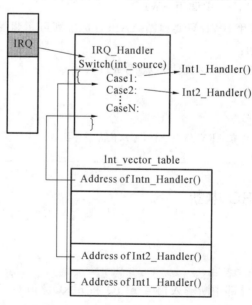

图 8-6　软件控制中断分支

因为软件的灵活性,可以设计出比图 8-6 更好的流程控制方法,如图 8-7 所示。

图 8-7　灵活的软件控制中断分支设计

Int_vector_table 是用户自己开辟的一块存储器空间,里面按次序存放异常处理函数的地址。IRQ_Handler()从中断控制器获取中断源信息,然后再从 Int_vector_table 中的对应地址单元得到异常处理函数的入口地址,完成一次异常响应的跳转。这种方法的好处是用户程序在运行过程中,能够很方便地动态改变异常服务内容。

进入异常处理程序后,用户可以完全按照自己的意愿来进行程序设计,包括调用Thumb 状态的函数等。但对于绝大多数的系统来说,有两个步骤必须处理,一是现场保护,二是要把中断控制器中对应的中断状态标识清除,表明该中断请求已经得到响应。否则,中断函数退出以后,又会被再一次触发,从而进入周而复始的死循环。

2. 向量中断控制器

这种类型的中断控制早已出现在了ARM 芯片中,比如基于S5PC100 的 Cortex-A8 中,以集成 PL192 向量中断控制器。使用向量中断的优点在于,中断优先级仲裁及中断分支的处理递交给了控制器来处理,这样从获取中断源,再到中断 ISR 的处理,其性能相对于软件方式的实现有很大的提高。

8.7.2　S3C2440 中断机制分析

1. 向量中断概述

S3C2440 集成了 3 个向量中断控制器(后文用 VIC 来表示),采用的是 ARM 基于PrimeCell 技术下的 PL192 核心,另外还包括了 3 个 TZIC,即对于 TrustZone 技术所涉及的中断控制器(后文都用 TZIC 表示),其核心为 SP890。

S3C2440 中断控制器支持 94 个中断源,其中 TZIC 为 TrustZone 单独设计了一个安全软件中断接口,它提供了基于安全控制技术的 nFIQ 中断及屏蔽来自非安全系统下的所有中断源。以下是 S5PC100 中断控制器的特点:

(1) 支持 94 个向量 IRQ 中断;

(2) 灵活的硬件中断优先级;

(3) 可编程的中断优先级设置;

(4) 支持硬件上的优先级屏蔽;

(5) 支持编程上的优先级屏蔽;

(6) 内置 IRQ/FIQ/软件中断产生器;

(7) 内置用于调试方案的寄存器;

(8) 内置原始中断状态寄存器/中断源请求状态寄存器;

(9) 支持特权模式下的限制性存取数据。

当 S3C2440 收到来自片内外设和外部中断请求引脚的多个中断请求时,S3C2440 的中断控制器在中断仲裁过程后向 S3C2440 内核请求 FIQ 或 IRQ 中断。中断仲裁过程依靠处理器的硬件优先级逻辑,在处理器这边会跳转到中断异常处理例程中,执行异常处理程序,这个时候 VICADDRESS 寄存器的值就是仲裁后中断源对应的 ISR(中断处理程序)的入口地址,如图 8-8 所示。

S5PC100 的中断控制器的任务是在有多个中断发生时,选择其中一个中断通过 IRQ 或FIQ 向 CPU 内核发出中断请求。实际上,最初 CPU 内核只有 FIQ(快速中断请求)和 IRQ(通用中断请求)两种中断,其他中断都是各个芯片厂家在设计芯片时,通过加入一个中断控制器来扩展定义的,这些中断根据中断的优先级高低来进行处理,更符合实际应用系统中要求提供多个中断源的要求,除此之外,向量中断控制器比以前的中断方式更加灵活和方便,把判断的任务留给了硬件,使得中断程序更为简洁。

在整个 S3C2440 的中断向量控制器中,可以看到所有中断源会先进入 TZIC 仲裁单元,

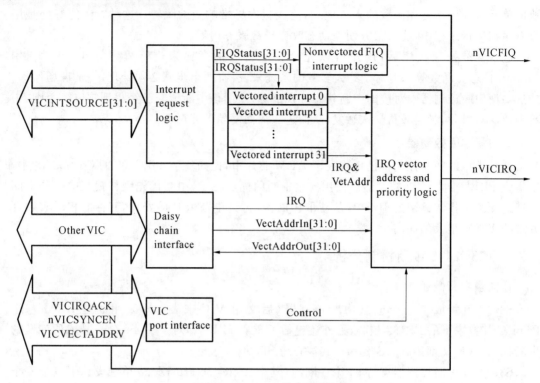

图 8-8　S5PC100 的中断控制器

该单元需要配置为是否可通过该中断源到 VIC 单元，默认下是可以通过的，即默认为非安全模式，这样所有中断直接到 VIC 下仲裁及处理，如图 8-9 所示。

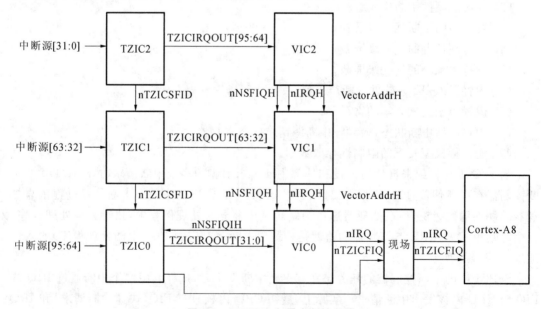

图 8-9　S5PC100 向量中断控制器

2. S3C2440 中断控制

1）程序状态寄存器的 F 位和 I 位

如果 CPSR 程序状态寄存器的 F 位被设置为 1，那么 CPU 将不接收来自中断控制器的

FIQ(快速中断请求);如果 CPSR 程序状态寄存器的 I 位被设置为 1,那么 CPU 将不接收来自中断控制器的 IRQ(中断请求)。因此,为了使能 FIQ 和 IRQ,必须先将 CPSR 程序状态寄存器的 F 位和 I 位清零,并且中断屏蔽寄存器 INTMSK 中相应的位也要清零。

2)中断模式(IntSelect)

Cortex-A8 提供了两种中断模式,即 FIQ 模式和 IRQ 模式。所有的中断源在中断请求时都要确定使用哪一种中断模式。

3. S5PC100 中断源简介

在该芯片中,有 3 个 VIC 单元,其中 VIC0 涵盖了系统、DMA、定时器的中断源;VIC1 包含了 ARM 核心、电源管理、内存管理、存储管理的中断源;VIC2 则包含了多媒体、安全扩展等中断源。限于篇幅,这里只是简要的介绍,详细内容请读者自行查看用户手册。

8.7.3 S3C2440 中断控制寄存器

中断选择寄存器(0XE400000C)如表 8-5 所示。

表 8-5 中断选择寄存器(0XE400000C)

域 名	位	描 述	重 置 值
IntSelect	[31:0]	选择中断请求的类型 0 = IRQ 中断 1 = FIQ 中断	0x00000000

中断使能寄存器(0XE4000010)如表 8-6 所示。

表 8-6 中断使能寄存器(0XE4000010)

域 名	位	描 述	重 置 值
IntEnable	[31:0]	使能中断请求队列,允许执行中断处理 读: 0 = 禁止中断 1 = 使能中断 写: 0 = 无影响 1 = 使能中断 复位时,屏蔽所有中断	0x00000000

中断使能清除寄存器(0XE4000014)如表 8-7 所示。

表 8-7 中断使能清除寄存器(0XE4000014)

	位	描 述	重 置 值
IntEnable Clear	[31:0]	清除 VICINTENABLE 寄存器相关位: 0 = 无影响 1 = 屏蔽 VICINTENABLE 寄存器	—

ISR 入口地址寄存器(0XE4000F00)如表 8-8 所示。

表 8-8　ISR 入口地址寄存器(0XE4000F00)

域　　名	位	描　　述	重　置　值
VectAddr	[31:0]	当前中断处理程序的地址,重置值为 0x00000000 所读到的地址被作为 ISR 入口地址 向该寄存器写任何值将清除寄存器值	0x00000000

ISR 地址初始化寄存器如表 8-9 所示。

表 8-9　ISR 地址初始化寄存器

域　　名	位	描　　述	重　置　值
VectorAddr 0-31	[31:0]	装载 ISR 入口地址	0x00000000

8.7.4　S3C2440 中断处理程序实例

下面介绍一个中断实例,该例子实现了 S3C2440 按键控制。当按下 S1 和 S2 时,会从终端上打印出相应的按键信息。其中 S1 对应的是 KETEINT1 中断源,S2 对应的是 KETEINT2 中断源。

1. 电路原理

电路原理图如图 8-10 所示。

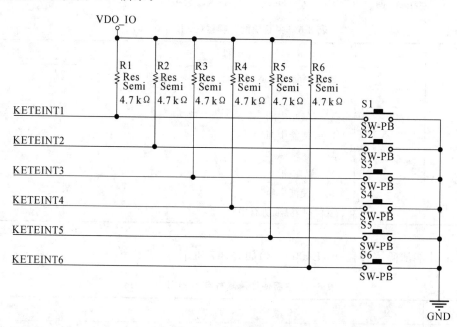

图 8-10　S5PC100 中断实验电路图

2. 编程流程

编程流程如图 8-11 所示。

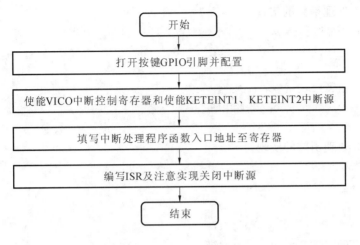

图 8-11　编程流程

3. 程序编写

（1）相关寄存器定义如下。

```
# define      VIC0ADDRESS        __REG(0xE4000F00)
# define      VIC1ADDRESS        __REG(0xE4100F00)
# define      VIC2ADDRESS        __REG(0xE4200F00)
# define      VIC0VECADDR1       __REG(0xE4000104)
# define      VIC0VECADDR2       __REG(0xE4000108) //定义寄存器地址
typedef struct {
                unsigned int VIC0IRQSTATUS;
                unsigned int VIC0FIQSTATUS;
                unsigned int VIC0RAWINTR;
                unsigned int VIC0INTSELECT;
                unsigned int VIC0INTENABLE;
}interrupt;
# define  INTERRUPT (*  (volatile interrupt * )0xE4000000 )
```

（2）向量中断控制器初始化及配置。

```
VIC0VECADDR1 = (unsigned int)int_key1; //将中断向量地址寄存器赋值
PH0.GPH0CON = (GPH0.GPH0CON & (~ (0xf<<4)))+ (0x2<<4);
INTERRUPTINTERRUPT. VIC0INTENABLE = INTERRUPT. VIC0INTENABLE | (1< < 1);//使能
KETEINT1 源
VIC0VECADDR2= (unsigned int)int_key2;//将中断向量地址寄存器赋值
GPH0.GPH0CON= (GPH0.GPH0CON & (~ (0xf<<8))+ (0x2<<8);
INTERRUPTINTERRUPT.VIC0INTENABLE= INTERRUPT.VIC0INTENABLE | (1< < 2);//使能 KETEINT2
源
```

（3）IRQ 跳转函数的实现。

```
void do_irq()
{
    printf("in do_irq\n");
    ((void (* )(void))VIC0ADDRESS)();
}
```

（4）按键 1 处理函数的实现。

```
/* 中断处理程序 1* /
void int_key1()
{
    printf("in int_key1\r\n");
    VIC0ADDRESS = 0;//清除中断
}
```

（5）按键 2 处理函数的实现。

```
/* 中断处理程序 2* /
void int_key2()
{
    printf("in int_key2\r\n");
    VIC0ADDRESS = 0;//清除中断
}
```

4. 实验过程及结果描述

将程序编译后产生 . bin 可执行文件，然后使用 uboot 的 dnw 命令下载到 0x20008000 这个内存地址，使用 go 命令去执行，并观察结果。

思考与练习

1. ARM 有几种异常？每种异常对应的处理器工作模式是什么？

2. 当执行 SWI 时，会发生什么？

3. 利用 SWI 指令，实现从用户模式到系统模式的系统调用过程。

4. 在硬件开发平台上选择一个可以产生中断的按键，编写程序实现中断处理。

第9章 串行通信接口

串行通信接口广泛地应用于各种控制设备,是计算机、控制主板与其他设备传送信息的一种标准接口。本章主要介绍它的工作原理和编程方法。

本章的主要内容:

● 串行通信。

● 串口发送接收程序示例。

9.1 串行通信

9.1.1 串行通信与并行通信的概念

在微型计算机中,通信(数据交换)有两种方式:串行通信和并行通信。

1. 串行通信方式

串行通信是指计算机与 I/O 设备之间数据传输的各位是按顺序依次一位接一位进行传送的过程。通常数据在一根数据线或一对差分线上传输。

2. 并行通信方式

并行通信是指计算机与 I/O 设备之间通过多条传输线交换数据,数据各位同时进行传送的过程。

串行通信的传输速度慢,但使用的传输设备成本低,可利用现有的通信手段和通信设备,适合于计算机的远程通信;并行通信的速度快,但使用的传输设备成本高,适合于近距离的数据传输。需要注意的是,对于一些差分串行通信总线,如 RS-485、RS-422、USB 等,它们的传输距离远,且抗干扰能力强,速度也比较快。

9.1.2 异步通信方式的特点

所谓异步通信,是指数据传送以字符为单位,字符与字符间的传送是完全异步的,位与位之间的传送基本上是同步的。异步串行通信的特点可以概括为以下几点。

(1)以字符为单位传送信息。

(2)相邻两字符间的间隔是任意长。

(3)因为一个字符中的比特位长度有限,所以需要的接收时钟和发送时钟只要相近就可以。

(4)异步方式的特点就是字符间异步,字符内部各位同步。

9.1.3 异步通信方式的数据格式

异步串行通信的数据格式如图 9-1 所示,每个字符(每帧信息)由 4 部分组成:

(1)1 位起始位,规定为低电平 0;

(2)5~8 位数据位,即要传送的有效信息;

(3)1 位奇偶校验位;

(4)1~2 位停止位,规定为高电平 1。

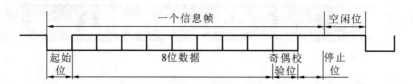

图 9-1　异步串行通信的数据格式

9.1.4　同步通信方式的特点

所谓同步通信,是指数据传送是以数据块(一组字符)为单位,字符与字符之间、字符内部的位与位之间都同步。同步串行通信的特点可以概括为:

(1) 以数据块为单位传送信息;

(2) 在一个数据块(信息帧)内,字符与字符间无间隔;

(3) 因为一次传输的数据块中包含的数据较多,所以接收时钟与发送时钟严格同步,通常要有同步时钟。

9.1.5　同步通信方式的数据格式

同步串行通信的数据格式如图 9-2 所示,每个数据块(信息帧)由 3 部分组成:

(1) 2 个同步字符作为一个数据块(信息帧)的起始标志;

(2) n 个连续传送的数据;

(3) 2 个字节循环冗余校验码(CRC)。

图 9-2　同步串行通信数据格式

9.1.6　比特率、比特率因子与位周期

比特率是指单位时间传输二进制数据的位数,其单位为位/秒(bit/s)或比特。它是一个用以衡量数据传送速率的量。一般串行异步通信的传送速度为 $50\sim19200$ bit/s,串行同步通信的传送速度可达 500 Kbit/s。

比特率因子是指时钟脉冲频率与比特率的比。位周期 T_d 是指每个数据位传送所需的时间,它与比特率的关系是: $T_d = 1/$ 比特率。它用以反映连续两次采样数据之间的间隔时间。

9.1.7　RS-232 串口规范

RS-232C 标准(协议)的全称是 EIA-RS-232C 标准,其中 EIA(electronic industry association)代表美国电子工业协会,RS(recommended standard)代表推荐标准,232 是标识号,C 代表 RS232 的最新一次修改,在这之前,有 RS-232B,RS-232A。它规定连接电缆和机械、电气特性、信号功能及传送过程。常用物理标准还有 EIA-RS-232-C、EIA-RS-422-A、EIA-RS-423A 和 EIA-RS-485。这里只介绍 EIA-RS-232-C(简称 232,RS-232)。例如,目前在 PC 上的 COM1、COM2 接口,就是 RS-232C 接口。

1. 9 针串口引脚定义

PC 串口中的典型是 RS-232 及其兼容接口,串口引脚有 9 针和 25 针两类。而一般的 PC 中使用的都是 9 针的接口,25 针串口具有 20 mA 电流环接口功能,用 9、11、18、25 针来实现。这里只介绍 9 针的 RS-232C 串口引脚定义,如表 9-1 所示。

表 9-1 9 针的 RS-232C 串口引脚定义

引 脚	简 写	功 能 说 明
1	CD	载波侦测
2	RXD	接收数据
3	TXD	发送数据
4	DTR	数据终端设备
5	GND	地线
6	DSR	数据准备就绪
7	RTS	请求发送
8	CTS	清除发送
9	RI	振铃指示

2. RS-232C 电气特性

EIA-RS-232C 对电气特性、逻辑电平和各种信号线功能都做了明确规定。

在 TXD 和 RXD 引脚上的电平定义:逻辑 1＝−3～−15 V。

在 RTS、CTS、DSR、DTR 和 DCD 等控制线上的电平定义:信号有效＝＋3～＋15 V;信号无效＝−3～−15 V。

以上规定说明了 RS-232C 标准对应逻辑电平的定义。注意:对于介于−3 V 至＋3 V 之间的电压处于模糊区电位,此部分电压将使得计算机无法正确判断输出信号的意义,可能得到 0,也可能得到 1,如此得到的结果是不可信的,在通信时体系会出现大量误码,造成通信失败。因此,实际工作时,应保证传输的电平在＋3～＋15 V 或−3～−15 V。

3. RS-232C 的通信距离和速度

RS-232C 规定最大的负载电容为 2500 pF,这个电容限制了传输距离和传输速率,由于 RS-232C 的发送器和接收器之间具有公共信号地(GND),属于非平衡电压型传输电路,不使用差分信号传输,因此不具备抗共模干扰的能力,共模噪声会耦合到信号中,在不使用调制解调器(MODEM)时,RS-232C 能够可靠进行数据传输的最大通信距离为 15 m,对于 RS-232C 远程通信,必须通过调制解调器进行远程通信连接,或改为 RS-485 等差分传输方式。

现在个人计算机提供的串行端口终端的传输速度一般都可以达到 115200 bit/s,甚至更高,标准串口能够提供的传输速度主要有以下比特率:1200 bit/s、2400 bit/s、4800 bit/s、9600 bit/s、19200 bit/s、38400 bit/s、57600 bit/s、115200 bit/s 等,在仪器仪表或工业控制场合,9600 bit/s 是最常见的传输速度,在传输距离较近时,使用最高传输速度也是可以的。传输距离和传输速度的关系成反比,适当地降低传输速度,可以延长 RS-232 的传输距离,提高通信的稳定性。

4. RS-232C 电平转换芯片及电路

RS-232C 规定的逻辑电平与一般微处理器、单片机的逻辑电平是不同的,例如, RS-232C的逻辑"1"是以－3～－15 V 来表示的,而单片机的逻辑"1"是以 5 V 表示的, S3C2440 的逻辑"1"是以 3.3 V 表示的,这时就必须把单片机的电平(TTL、CMOS 电平)转变为RS-232C电平,或者把计算机的 RS-232C 电平转换成单片机的 TTL 或 CMOS 电平,通信时必须对两种电平进行转换。实现电平转换的芯片可以是分离器件,也可以是专用的 RS-232C 电平转换芯片。下面介绍一种在嵌入式系统中应用比较广泛的 MAX3232 芯片。

如图 9-3 所示,其主要特点有如下。

(1) 符合所有的 RS-232C 规范。

(2) 单一供电电压＋5 V 或 3.3 V。

(3) 片载电荷泵具有升压、电压极性反转能力,能够产生＋10 V 和－10 V 电压。

(4) 低功耗,典型供电电流为 3 mA。

(5) 内部集成 2 个 RS-232C 驱动器。

(6) 内部集成 2 个 RS-232C 接收器。

9.1.8　RS-232C 接线方式

RS-232C 串口的接线方式有全串口连接、3 线连接等方式。本书只介绍最简单、常用的 3 线连接方法。PC 和 PC 或处理器之间的通信,双方都能发送和接收,它们的连接只需使用 3 根线即可,即 RXD、TXD 和 GND,连接方式如图 9-4 所示。

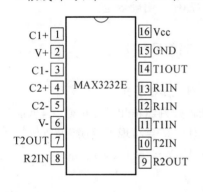

图 9-3　MAX3232 芯片

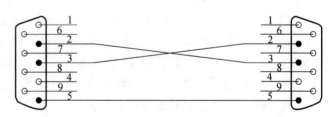

图 9-4　3 线连接方式

9.2　S3C2440 异步串行通信

9.2.1　S3C2440 串口控制器概述

1. 简述

S3C2440 的通用异步收发(UART)可支持 4 个独立的异步串行输入/输出口,每个口皆可支持中断模式及 DMA 模式,UART 可产生一个中断或者发出一个 DMA 请求,来传送 CPU 与 UART 之间的数据,其中,通道 0 和 2 最大传输速度可达 115.2 kbit/s,通道 1 和 3 最大传输速度可达到 3 Mbit/s,并且如果一个外设使用 UCLK 提供时钟,那么 UART 则可以工作在高速模式下,每一个 UART 通道包含两个 64 字节的收发 FIFO 存储器。

2. 特点

(1) S3C2440 有 4 组收发通道,同时支持中断模式及 DMA 操作。

(2) 通道 0、1、2 及带红外 3 通道,都支持 64 字节 FIFO。

(3) 通道 1 和 3 支持高速操作模式。

(4) 支持握手模式的发送/接收。

3. 概括图

概括图如图 9-5 所示。

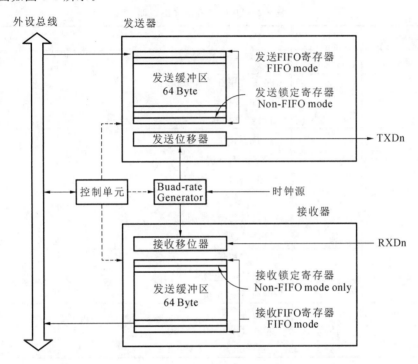

在FIFO模式下, 缓冲寄存器的64位全部用来作为FIFO寄存器
在非FIFO模式下, 仅适用缓冲寄存器的1位来作为有效的寄存器

图 9-5　概括图

下面简要介绍 UART 操作,关于数据发送、数据接收、中断产生、比特率产生、轮流检测模式、红外模式和自动流控的详细介绍,请参照相关教材和数据手册。

发送数据帧是可编程的。一个数据帧包含一个起始位,5~8 个数据位,一个可选的奇偶校验位和 1~2 位停止位,停止位通过行控制寄存器 ULCONn 配置。

与发送类似,接收数据帧也是可编程的。接收数据帧由一个起始位,5~8 个数据位,一个可选的奇偶校验位和 1~2 位行控制寄存器 ULCONn 里的停止位组成。接收器还可以检测溢出错误、奇偶校验错误、帧错误和传输中断,每一个错误均可以设置一个错误标志。

(1) 溢出错误(overrun error)是指已接收到的数据在读取之前被新接收的数据覆盖。

(2) 奇偶校验错误是指接收器检测到的校验和与设置的不符。

(3) 帧错误指没有接收到有效的停止位。

(4) 传输中断表示接收数据 RxDn 保持逻辑 0 超过一帧的传输时间。

在 FIFO 模式下,如果 RxFIFO 非空,而在 3 个字的传输时间内没有接收到数据,则产生超时中断。

9.2.2 UART 寄存器详解

为了让初学者快速掌握串口通信,下面只针对例程中用到的寄存器给予讲解。对于 S3C2440 中提供的更为复杂的控制寄存器将不再展开,感兴趣的读者可作为扩展内容自行学习。

1. UART 行控制寄存器 ULCONn

ULCONn 的详细说明如表 9-2 所示。

表 9-2 ULCONn 的详细说明

ULCONn	位	描 述	初 始 状 态
Reserved	[7]		0
Infra—Red Mode	[6]	是否使用红外模式 0=正常模式 1=红外模式	0
Parity Mode	[5:3]	校验方式 0XX=无奇偶校验 100=奇校验 101=偶校验 110=校验位强制为1 111=校验位强制为0	000
Number of Stop Bit	[2]	停止位数量 0=1 个停止位 1=2 个停止位	0
Word Length	[1:0]	数据位个数 00=5bit　　01=6bit 10=7bit　　11=8bit	00

2. UART 行控制寄存器 UCONn

UCONn 的详细说明如表 9-3 所示。

表 9-3 UCONn 的详细说明

UCONn	位	描 述	初 始 值
Clock Selection	[11:10]	x0:PCLK 做比特率发生 01:UART_CLK 11:SCLK_UART	0
Tx Interrupt Type	[9]	0:Tx 中断脉冲触发 1:Tx 中断电平触发	0
Rx Interrupt Type	[8]	0:Rx 中断脉冲触发 1:Rx 中断电平触发	0
Rx Time Out Enable	[7]	0:接收超时中断不允许 1:接收超时中断允许	0
Rx Error Status Interrupt Enable	[6]	0:不产生接收错误中断 1:产生接收错误中断	0

UCONn	位	描　述	初　始　值
Loopback Mode	[5]	0:正常模式 1:发送直接传给接收方式(Loopback)	0
Reserved	[4]	0:正常模式发送 1:发送间断信号	0
Transmit Mode	[3:2]	发送模式选择 00:不允许发送 01:中断或查询模式 10:DMA0 请求 11:DMA1 请求	00
Receive Mode	[1:0]	接收模式选择 00:不允许接收 01:中断或查询模式 10:DMA0 请求 11:DMA1 请求	00

3. UART FIFO 控制寄存器 UFCONn

UFCONn 的详细说明如表 9-4 所示。

表 9-4　UFCONn 的详细说明

UFCONn	位	描　述	初　始　值
Tx FIFO Trigger Level	[7:6]	决定发送 FIFO 的触发位置 00=0 个字节时触发 01=16 个字节时触发 10=32 个字节时触发 11=48 个字节时触发	00
Rx FIFO Trigger Level	[5:4]	决定接收 FIFO 的触发位置 00=1 个字节时触发 01=8 个字节时触发 10=16 个字节时触发 11=32 个字节时触发	00
Reserved	[3]	保留	0
Tx FIFO Reset	[2]	Tx FIFO 复位后是否清零 0=不清零 1=清零	0
Rx FIFO Reset	[1]	Rx FIFO 复位后是否清零 0=不清零 1=清零	0
FIFO Enable	[0]	使能 FIFO 功能 0=不使能 1=使能	0

4. UART MODEM 控制寄存器 UMCONn

UMCONn 的详细说明如表 9-5 所示。

表 9-5   UMCONn 的详细说明

UMCONn	位	描 述	初 始 值
RTS trigger Level	[7:5]	如果自动流控位使能,则以下位将决定失效 nRTS 信号: 000 = RX FIFO 填充 63 字节 001 = RX FIFO 填充 56 字节 010 = RX FIFO 填充 48 字节 011 = RX FIFO 填充 40 字节 100 = RX FIFO 填充 32 字节 101 = RX FIFO 填充 24 字节 110 = RX FIFO 填充 16 字节 111 = RX FIFO 填充 8 字节	000
Auto Flow Control (AFC)	[4]	0:不允许使用 AFC 模式 1:允许使用 AFC 模式	0
Reserved	[3:1]	保留,必须全为 0	00
Request to Send	[0]	0:不激活 nRTS 1:激活 nRTS	0

5. 发送寄存器 UTXHn 和接收寄存器 URXHn

这两个寄存器存放着发送和接收的数据,在关闭 FIFO 的情况下只有一个字节 8 位数据。需要注意的是,在发生溢出错误时,接收的数据必须被读出来,否则会引发下次溢出错误。

6. 比特率分频寄存器 UBRDIVn

该寄存器用于串口比特率的设置。S3C2440 引入了 UDIVSLOTn,使得波特率的设置比早期处理器更加精确。下面以设置波特率为 115200 为目标,介绍设置方法。

```
DIV_VAL =  (PCLK / (bps* 16 ) )-1
= 66.75M/115200* 16 - 1        //PCLK 由系统时钟提供,此为设定 66.75M
= 35.214
UBRDIVn =  35(DIV_VAL 的整数部分)。
(UDIVSLOTn 中 1 的数量)/16 =  0.2。
(UDIVSLOTn 中 1 的数量) =  3。
```

根据手册中的建议:

```
3 0x0888(0000_1000_1000_1000b)  11  0xDDD5(1101_1101_1101_0101b)
```

选择:

```
UDIVSLOTn =  0x0888;
```

7. 串口状态寄存器 UTRSTATn

UTRSTATn 的详细说明如表 9-6 所示。

表 9-6　UTRSTATn 的详细说明

UTRSTATn	位	描　述	初　始　值
Transmitter empty	[2]	发送缓冲和发送移位寄存器是否都为空 0＝否 1＝是	1
Transmit buffer empty	[1]	关闭 FIFO 的情况下,发送缓冲是否为空 0＝不为空 1＝空	1
Receive buffer data ready	[0]	关闭 FIFO 的情况下,接收缓冲是否为空 0＝空 1＝不为空	0

9.3　接口电路与程序设计

为实现通用串口功能及红外收发功能,这里先实现一个 S5PC100 处理器的串口通信程序,再实现一个基于红外收发的测试例子。

9.3.1　电路连接

从本章前面的知识可以看出 S3C2440 处理器集成了串口控制功能。为了实现 RS-232C 标准的串口通信功能,需要连接一个 MAX3232 电压转换芯片及一个 DB9 接头。S5PC100 串口 0 的电路连接如图 9-6 所示。

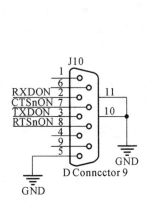
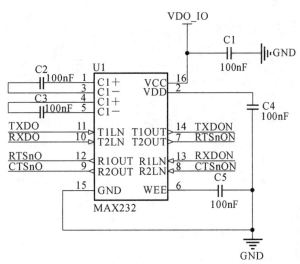

图 9-6　串口连接图

9.3.2　程序编写

程序旨在完成简单的 UART 驱动,并实现打印字符串到终端。

核心代码如下:

```c
/* 下面定义的是 GPA0 控制器的寄存器 */
typedef struct {
                unsigned int GPA0CON;
                unsigned int GPA0DAT;
                unsigned int GPA0PULL;
                unsigned int GPA0DRV;
                unsigned int GPA0PDNCON;
                unsigned int GPA0PDNPULL;
}gpa;
# define GPA0 (* (volatile gpa * )0xE0300000 )
/* 下面定义的是 UART 控制器的寄存器 */
typedef struct {
                unsigned int ULCON0;
                unsigned int UCON0;
                unsigned int UFCON0;
                unsigned int UMCON0;
                unsigned int UTRSTAT0;
                unsigned int UERSTAT0;
                unsigned int UFSTAT0;
                unsigned int UMSTAT0;
                unsigned int UTXH0;
                unsigned int URXH0;
                unsigned int UBRDIV0;
                unsigned int UDIVSLOT0;
                unsigned int UINTP0;
                unsigned int UINTSP0;
                unsigned int UINTM0;
}uart;
# define uart_0 (* (volatile uart* )0XEC000000)
/* 寄存器读/写宏定义 */
# define RAW_WRITE(addr,val) (addr = val)
# define RAW_READ(addr) (addr)
void putc(const char data)   //该函数实现了输出一个字符
{
    while(! (uart_0.UTRSTAT0 & 0X2));
    RAW_WRITE(uart_0.UTXH0,data);
    if (data = = '\n')
            putc('\r');
}
void puts(const  char * pstr)    //该函数实现了输出一个字符串
{
    while(* pstr ! = '\0')
        putc(* pstr+ + );
}
```

```
/* 初始化 GPA0,初始化 UART 功能寄存器、模式寄存器、收发配置寄存器及最重要的控制寄存
器* /
void uart0_init(void)
{
    int i;
    RAW_WRITE(GPA0.GPA0CON,0x22);
   RAW_WRITE(uart_0.UFCON0 ,0X00);        //关闭通道
    RAW_WRITE(uart_0.UMCON0, 0X00);       //关闭自动流控制 AFC
    RAW_WRITE(uart_0.ULCON0 , 0X03);           //数据长度为 8 位
   RAW_WRITE(uart_0.UCON0   , 0X305);
    RAW_WRITE(uart_0.UBRDIV0,0X23);//115200
    RAW_WRITE(uart_0.UDIVSLOT0 , 0X3);
}
int main()
{
uart0_init();
        char * pst =  "S5PC100.h";           //向屏幕打印信息
        puts(pst);

        return 0;
}
```

9.3.3　调试与运行结果

调试步骤具体如下。

(1) 终端设置。

在 PC 上运行 Windows 自带的超级终端串口通信程序(比特率为 115200 bit/s、1 位停止位、无校验位、无硬件流控制)或者使用其他串口通信程序。

(2) 硬件接线。

使用目标板附带的串口线连接目标板上 UART0 和 PC 串口 COMx,并将 USB OTG 口插好线。

(3) 下载程序,并观察结果。

思考与练习

1.简述串行通信与并行通信的概念。

2.简述同步通信与异步通信的概念、区别。

3.简述 RS-232C 串口通信接口规范。

第10章 PWM 定时器

定时器的作用主要包括产生各种时间间隔、记录外部事件的数量等,是计算机中最常用、最基本的部件之一。

本章主要内容:

● PWM 定时器。

● 看门狗定时器。

10.1 S3C2440PWM 定时器

10.1.1 PWM 定时器概述

S3C2440A 有 5 个 16 位定时器。其中定时器 0、1、2 和 3 具有脉宽调制(PWM)功能。定时器 4 是一个无输出引脚的内部定时器。定时器 0 还包含用于大电流驱动的死区发生器。

定时器 0 和 1 共用一个 8 位预分频器,定时器 2、3 和 4 共用另外一个 8 位预分频器。每个定时器都有一个可以生成 5 种不同分频信号(1/2、1/4、1/8、1/16 和 TCLK)的时钟分频器。每个定时器模块从相应的 8 位预分频器得到自己的时钟信号。8 位预分频器是可编程的,并且按存储在 TCFG0 和 TCFG1 寄存器中的加载值来分频 PCLK。

定时计数缓冲寄存器(TCNTBn)包含了一个(当定时器被使能时)被加载到递减计数器中的初始值。定时比较缓冲寄存器(TCMPBn)包含了一个被加载到比较寄存器中的与递减计数器相比较的初始值。这种 TCNTBn 和 TCMPBn 的双缓冲特征保证了改变频率和占空比时定时器产生稳定的输出。

每个定时器都有它自己的由定时器时钟驱动的 16 位递减计数器。当递减计数器到达零时,产生定时器中断请求通知 CPU 定时器操作已经完成。当定时器计数器到达零时,相应的 TCNTBn 的值将自动被加载到递减计数器以继续下一次操作。但如果定时器停止运行了,例如,在定时器运行模式期间清除 TCONn 的定时器使能位,TCNTBn 的值将不会被重新加载到计数器中。

TCMPBn 的值是用于脉宽调制(PWM)的。当递减计数器的值与定时器控制逻辑中的比较寄存器的值相匹配时定时器控制逻辑改变输出电平。因此,比较寄存器决定 PWM 输出的开启时间(或关闭时间)。

10.1.2 PWM 定时器特点

PWM 定时器有以下几个特性:

(1) 自带 5 个 16 位定时器;

(2) 自带两个 8 位预分频器和两个 4 位分频器;

(3) 具有可编程输出波形的占空比控制(PWM);

(4) 具有自动重载模式或单稳脉冲模式;

(5) 具有死区生成器。

PWM 定时器的结构框图如图 10-1 所示。图中的死区(Dead Zone)功能用于电源设备的 PWM 控制。这个功能允许在一个设备关闭和另一个设备开启之间插入一个时间间隔。这个时间间隔可以防止两个设备同时被启动。TOUT0 是定时器 0 的 PWM 输出，nTOUT0 是 TOUT0 的反转信号。如果死区功能被使能，TOUT0 和 nTOUT0 的输出波形就变成了 TOUT0_DZ 和 nTOUT0_DZ（如图 10-2 所示）。

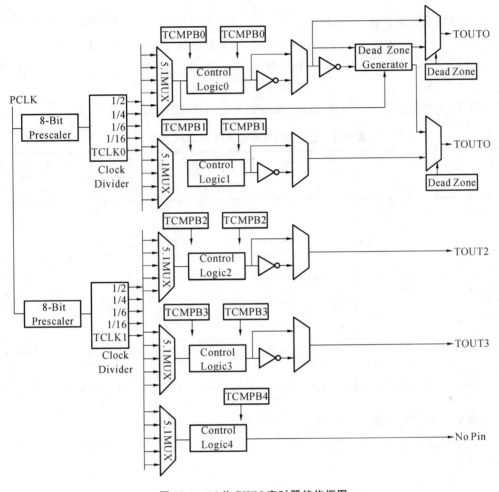

图 10-1　16 位 PWM 定时器结构框图

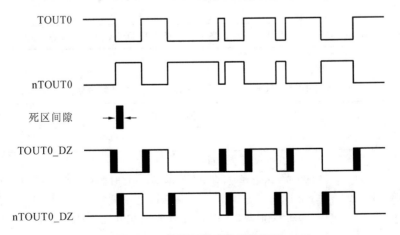

图 10-2　使能死区功能时的波形

nTOUT0_DZ 在 TOUT1 脚上产生,在死区间隔内,TOUT0_DZ 和 nTOUT0_DZ 就不会同时翻转了。注意:在使能 Dead Zone 时 TOUT1 就是图 10-2 中的 nTOUT0 的 PWM 定时器操作。

10.1.3 PWM 定时器的寄存器

1. 定时器配置寄存器 0(TCFG0)

$$定时器输入时钟频率=PCLK / \{预分频值+1\} / \{分频值\}$$
$$\{预分频值\}=0\sim255$$
$$\{分频值\}=2,4,8,16$$

定时器配置寄存器 0 的描述和详细说明如表 10-1 和表 10-2 所示。

表 10-1 定时器配置寄存器 0(TCFG0)的描述

寄存器	地址	R/W	描述	复位值
TCFG0	0x51000000	R/W	配置两个 8 位预分频器	0x00000000

表 10-2 TCFG0 寄存器(0x51000000)的详细说明

TCFG0	位	描述	初始状态
保留	[31:24]	0x00	
死区长度	[23:16]	该 8 位决定了死区段。死区段持续为 1 的时间等于定时器 0 持续为 1 的时间	0x00
Prescaler 1	[15:8]	该 8 位决定了定时器 2、3 和 4 的预分频值	0x00
Prescaler 0	[7:0]	该 8 位决定了定时器 0 和 1 的预分频值	0x00

2. 定时器配置寄存器 1(TCFG1)

定时器配置寄存器 1 主要用于 PWM 定时器的 MUX 输入,定时器配置寄存器 1 的描述和详细说明如表 10-3 和表 10-4 所示。

表 10-3 定时器配置寄存器 1(TCFG1)的描述

寄存器	地址	R/W	描述	复位值
TCFG1	0x51000004	R/W	5 路多路选择器和 DMA 模式选择寄存器	0x00000000

表 10-4 TCFG1 寄存器(0x51000004)的详细说明

TCFG1	位	描述	初始状态
保留	[31:24]	00000000	
DMA 模式	[23:20]	选择 DMA 请求通道 0000=未选择(所有中断) 0001=定时器 0 0010=定时器 1 0011=定时器 2 0100=定时器 3 0101=定时器 4 0110=保留	0000

TCFG1	位	描 述	初始状态
MUX 4	[19:16]	选择 PWM 定时器 4 的选通输入 0000＝1/2　0001＝1/4　0010＝1/8　0011＝1/16 01xx＝外部 TCLK1	0000
MUX 3	[15:12]	选择 PWM 定时器 3 的选通输入 0000＝1/2　0001＝1/4　0010＝1/8　0011＝1/16 01xx＝外部 TCLK1	0000
MUX 2	[11:8]	选择 PWM 定时器 2 的选通输入 0000＝1/2　0001＝1/4　0010＝1/8　0011＝1/16 01xx＝外部 TCLK1	0000
MUX 1	[7:4]	选择 PWM 定时器 1 的选通输入 0000＝1/2　0001＝1/4　0010＝1/8　0011＝1/16 01xx＝外部 TCLK1	0000
MUX 0	[3:0]	选择 PWM 定时器 0 的选通输入 0000＝1/2　0001＝1/4　0010＝1/8　0011＝1/16 01xx＝外部 TCLK1	0000

3. 定时器控制寄存器(TCON)

定时器控制寄存器主要用于自动重载、定时器自动更新、定时器启动、输出翻转控制等。定时器控制寄存器的描述和详细说明如表 10-5 和表 10-6 所示。

表 10-5　定时器控制寄存器(TCON)的描述

寄 存 器	地　址	R/W	描　述	复 位 值
TCON	0x51000008	R/W	定时器控制寄存器	0x00000000

表 10-6　TCON 寄存器(0x51000008)的详细说明

TCON	位	描　述	初始状态
定时器 4 自动重载开/关	[22]	决定定时器 4 的自动重载开启或关闭 0＝单稳态　　　　1＝间隙模式(自动重载)	0
定时器 4 手动更新(注释)	[21]	决定定时器 4 的手动更新 0＝无操作　　　　1＝更新 TCNTB4	0
定时器 4 启动/停止	[20]	决定定时器 4 的启动或停止 0＝停止定时器 4　1＝启动定时器 4	0
定时器 3 自动重载开/关	[19]	决定定时器 3 的自动重载开启或关闭 0＝单稳态　　　　1＝间隙模式(自动重载)	0
定时器 3 输出变相开/关	[18]	决定定时器 3 的输出变相开启或关闭 0＝关闭变相　　　1＝TOUT3 变换极性	0
定时器 3 手动更新(注释)	[17]	决定定时器 3 的手动更新 0＝无操作　　　　1＝更新 TCNTB3 和 TCMPB3	0

TCON	位	描 述	初 始 状 态
定时器 3 启动/停止	[16]	决定定时器 3 的启动或停止 0＝停止定时器 3　　1＝启动定时器 3	0
定时器 2 自动重载开/关	[15]	决定定时器 2 的自动重载开启或关闭 0＝单稳态　　　　1＝间隙模式（自动重载）	0
定时器 2 输出变相开/关	[14]	决定定时器 2 的输出变相开启或关闭 0＝关闭变相　　　1＝TOUT2 变换极性	0
定时器 2 手动更新（注释）	[13]	决定定时器 2 的手动更新 0＝无操作　　　　1＝更新 TCNTB2 和 TCMPB2	0
定时器 2 启动/停止	[12]	决定定时器 2 的启动或停止 0＝停止定时器 2　　1＝启动定时器 2	0
定时器 1 自动重载开/关	[11]	决定定时器 1 的自动重载开启或关闭 0＝单稳态　　　　1＝间隙模式（自动重载）	0
定时器 1 输出变相开/关	[10]	决定定时器 1 的输出变相开启或关闭 0＝关闭变相　　　1＝TOUT1 变换极性	0
定时器 1 手动更新（注释）	[9]	决定定时器 1 的手动更新 0＝无操作　　　　1＝更新 TCNTB1 和 TCMPB1	0
定时器 1 启动/停止	[8]	决定定时器 1 的启动或停止 0＝停止定时器 1　　1＝启动定时器 1	0
保留	[7:5]	保留	0
死区使能	[4]	决定死区操作 0＝禁止　　　　1＝使能	0
定时器 0 自动重载开/关	[3]	决定定时器 0 的自动重载开启或关闭 0＝单稳态　　　　1＝间隙模式（自动重载）	0
定时器 0 输出变相开/关	[2]	决定定时器 0 的输出变相开启或关闭 0＝关闭变相　　　1＝TOUT0 变换极性	0
定时器 0 手动更新（注释）	[1]	决定定时器 0 的手动更新 0＝无操作　　　　1＝更新 TCNTB0 和 TCMPB0	0
定时器 0 启动/停止	[0]	决定定时器 0 的启动或停止 0＝停止定时器 0　　1＝启动定时器 0	0

4. 定时器 n 计数缓冲寄存器（TCNTBn）

该寄存器用于 PWM 定时器的时间计数。定时器 n 计数缓冲寄存器的详细说明如表 10-7 所示。

表 10-7　TCNTBn 寄存器的详细说明

TCNTBn	位	描 述	初 始 状 态
Timer n 计数器寄存器	[15:0]	定时器 n(0～4)计数缓冲寄存器	0x00000000

5. 定时器 n 比较缓冲寄存器(TCMPBn)

该寄存器用于 PWM 波形占空比的设置。定时器 n 比较缓冲寄存器的详细说明如表 10-8 所示。

表 10-8　TCMPBn 寄存器的详细说明

TCMPBn	位	描　述	初 始 状 态
Timer n 比较缓冲寄存器	[15:0]	定时器 n(0~4)比较缓冲寄存器	0x00000000

自动重载和双缓冲 PWM 定时器包含双缓冲功能,如图 10-3 所示,允许在不停止当前定时器操作的情况下为下次定时器操作改变重载值。所以即使设置了新的定时器值,当前定时器操作仍可顺利地被完成。

定时器值可以被写入到定时器计数缓冲寄存器(TCNTBn)中并且可以从定时器计数监视寄存器(TCNTOn)中读取当前定时器的计数值。如果读取 TCNTBn,读出的值不是指示当前计数器的状态而是下次定时器持续时间的重载值。

自动重载操作在 TCNTn 到达 0 时复制 TCNTBn 到 TCNTn。写入到 TCNTBn 的该值,只有在 TCNTn 到达 0 并且使能了自动重载时才被加载到 TCNTn。如果 TCNTn 变为 0 并且自动重载位为 0,TCNTn 不会再做任何进一步的操作。

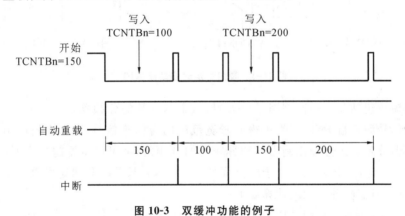

图 10-3　双缓冲功能的例子

使用手动更新位和变相位初始化定时器。当递减计数器到达 0 时发生定时器的自动重载操作。所以必须预先由用户定义一个 TCNTn 的起始值。在这种情况下,必须通过手动更新位加载起始值。以下步骤描述了如何启动一个定时器:

(1) 将初始值写入到 TCNTBn 和 TCMPBn 中;

(2) 设置相应定时器的手动更新位。推荐配置变相开/关位(无论是否使用变换极性);

(3) 设置相应定时器的开始位来启动定时器(并且清除手动更新位)。

如果定时器被强制停止,TCNTn 保持计数器值并且不会从 TCNTBn 重载。如果需要设置一个新值,执行手动更新。

10.2　S5PC100 看门狗定时器

10.2.1　S3C2440 看门狗定时器概述

看门狗(watchdog timer) 定时器和 PWM 的定时功能目的不一样。它的特点是,需要不停地接收信号(一些外置看门狗芯片)或重新设置计数器(如 S3C2440 的看门狗控制器),保持计数值不为 0。一旦有一些时间接收不到信号,或计数值为 0,看门狗将发出复位信号复位系统或产生中断。

看门狗定时器的作用是微处理器收到干扰进入错误状态后,使系统在一定时间间隔内复位。因此设置看门狗定时器是保证系统长期、可靠和稳定运行的有效措施。目前大部分的嵌入式芯片内部都集成了看门狗定时器来提高系统运行的可靠性。

S3C2440 处理器的看门狗定时器是当系统被故障干扰时(如系统错误或者噪声干扰),用于处理器的复位操作,也可以作为一个通用的 16 位定时器来请求中断操作。看门狗定时器产生 128 个 PCLK 周期的复位信号。看门狗定时器功能框图如图 10-4 所示,其主要特性有如下两个。

(1) 它是采用通用的中断方式的 16 位定时器。

(2) 当计数器减到 0(发生溢出)时,产生 128 个 PCLK 周期的复位信号。

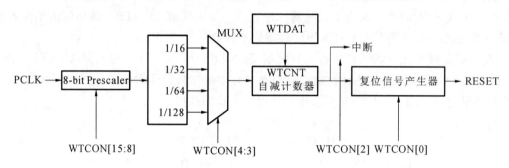

图 10-4 看门狗定时器功能框图

看门狗模块包括一个预比例因子放大器,一个四分频的分频器,一个 16 位计数器。看门狗的时钟信号源来自 PCLK,为了得到较宽范围的看门狗信号,PCLK 先被预分频,然后再经过分频器分频。预分频比例因子和分频器的分频值,都可以由看门狗定时器控制寄存器(WTCON)决定,预分频比例因子的范围是 0~255,分频器的分频比可以是 16、32、64 或 128。看门狗定时器时钟周期的计算如下:

$$\text{Watchdog\_t} = 1/[\text{PCLK}/(\text{Prescaler value} + 1)/\text{Division\_factor}$$

式中:Prescaler value 为预分频比例放大器的值;Division_factor 是四分频的分频比,可以是 16、32、64 或 128。

一旦看门狗定时器被允许,看门狗定时器数据寄存器(WTDAT)的值就不能被自动地装到看门狗定时器计数寄存器(WTCNT)中。因此,看门狗定时器启动前要将一个初始值写入看门狗定时器计数寄存器(WTCNT)中。当 S5PC100 用嵌入式 ICE 调试时,看门狗定时器的复位功能就不被启动,看门狗定时器能从 CPU 内核信号判断出当前 CPU 是否处于调试状态。如果看门狗定时器确定当前模式是调试模式,尽管看门狗定时器会产生溢出信号,但仍然不会产生复位信号。

10.2.2 看门狗定时器寄存器

1. 看门狗定时器控制寄存器(WTCON)

WTCON 寄存器的内容包括:用户是否启动看门狗定时器、4 个分频比的选择、是否允许中断产生、是否允许复位操作等。

如果用户想把看门狗定时器当作一般定时器使用,应该中断使能,禁止看门狗定时器复位。WTCON 的描述如表 10-9 所示。

表 10-9　WTCON 的描述

WTCON	位	描　　述	复　位　值
保留	[31:16]	保留	0
预分频值	[15:8]	有效数值范围位 0～255	0x80
保留	[7:6]	保留	00
看门狗定时器	[5]	看门狗时钟使能位: 0 = 禁止 1 = 使能	1
时钟选择	[4:3]	时钟分频值: 00 = 16 01 = 32 10 = 64 11 = 128	00
中断产生器	[2]	使能/屏蔽中断功能 0 = 禁止 1 = 使能	0
保留	[1]	保留	0
复位使能/屏蔽	[0]	1 = 打开看门狗定时器将产生复位信号 0 = 禁止上述功能	1

2. 看门狗定时器数据寄存器（WTDAT）

WTDAT 用于指定超时时间,在看门狗定时器将复位功能禁止并打开中断使能后,此时看门狗定时器就是一个普通的定时器,使用方法和普通定时器一样。当使用复位功能后,由于 WTCNT 的值减到 0 时,系统就会复位,所以 WTCNT 的值装不进看门狗定时器计数寄存器（WTCNT）中。复位后初始值为 0x8000。WTDAT 的描述如表 10-10 所示。

表 10-10　WTDAT 描述

WTDAT	位	描　　述	复　位　值
保留	[31:16]	保留	0
计数重载值	[15:0]	看门狗定时器重载数值寄存器	0x8000

3. 看门狗计数寄存器（WTCNT）

WTCNT 包含看门狗定时器工作的时候,计数器的当前计数值。WTCNT 的描述如表 10-11所示。

表 10-11　WTCNT 描述

WTCNT	位	描　　述	复　位　值
保留	[31:16]	保留	0
计数值	[15:0]	看门狗定时器当前计数寄存器	0x8000

10.2.3　看门狗定时器程序编写

1. 看门狗软件程序设计流程

因为看门狗定时器是执行对系统的复位或中断操作,所以不需要外围的硬件电路。要实现看门狗定时器的功能,只需要对看门狗的寄存器组进行操作,即对看门狗定时器控制寄存器(WTCON)、看门狗定时器数据寄存器(WTDAT)、看门狗定时器计数寄存器(WTCNT)的操作。其一般流程具体如下。

(1) 设置看门狗定时器中断操作,包括全局中断和看门狗定时器中断使能及看门狗定时器中断向量的定义,如果只是进行复位操作,这一步可以不用设置。

(2) 对看门狗定时器控制寄存器(WTCON)的设置,包括设置预分频比例因子、分频器的分频值、中断使能和复位使能等。

(3) 对看门狗定时器数据寄存器(WTDAT)和看门狗定时器计数寄存器(WTCNT)的设置。

(4) 启动看门狗定时器。

2. 寄存器定义

```
/* WATCHDOG 寄存器的定义* /
typedef struct{
unsigned  int  WTCON;
unsigned  int  WTDAT;
unsigned  int  WTCNT;
unsigned  int  WTCLRINT;
}wdt;
# define WDT(* (volatile wdt * ) 0x51200000 )
```

3. 看门狗寄存器初始化

```
void wdt_init()
{
WDT.WTCNT =  0x227e ;
WDT.WTCON =  (1<<0) | (3<<3) | (1<<5) | (255<<8) ;
}
```

4. 主函数

```
int main()
{
int  i;
GPG3.GPG3CON =  (~ (0xf<<4)&GPG3.GPG3CON) | (0x1<<4);
GPG3.GPG3DAT = 0x2;  //点亮 LED 测试看门狗定时器复位
```

```
wdt_init();
while(1);
return 0;
}
```

5. 结果测试

程序运行 5s 后,LED 就会熄灭,因为此时的 CPU 发生了复位。

思考与练习

1. PWM 输出的波形特点是什么?

2. 在控制系统中为何要加入看门狗功能?

3. 编程实现输出占空比为 2∶1,波形周期为 9ms 的 PWM 波形。

第11章 A/D转换器

本章介绍了 A/D 转换方法及其原理、S3C2440 A/D 转换器的寄存器及其应用,以及编程实现 A/D 转换的过程。

本章主要内容:

- A/D 转换方法及原理。
- S3C2440A/D 转换器相关寄存器。
- A/D 编程应用实例。

11.1 A/D 转换方法及原理

A/D 转换器(模/数转换器)完成电模拟量到数字量的转换。实现 A/D 转换的方法很多,常用的方法有计数法、双积分法和逐次逼近法等。

11.1.1 计数式 A/D 转换器原理

计数式 A/D 转换器结构如图 11-1 所示。其中,V_i 是模拟输入电压,V_o 是 D/A 转换器的输出电压,C 是控制计数端,当 C=1(高电平)时,计数器开始计数,C=0(低电平)时,则停止计数。$D_7 \sim D_0$ 是数字量输出,数字输出量同时驱动一个 D/A 转换器。

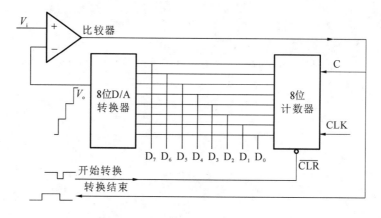

图 11-1 计数式 A/D 转换器结构

计数式 A/D 转换器的转换过程如下。

(1) 首先 $\overline{CLR}$(开始转换信号)有效(由高电平变成低电平),使计数器复位,计数器输出数字信号为 00000000,这个 00000000 的输出送至 8 位 D/A 转换器,8 位 D/A 转换器也输出 0V 模拟信号。

(2) 当 $\overline{CLR}$ 恢复为高电平时,计数器准备计数。此时,在比较器输入端上待转换的模拟输入电压 V_i 大于 V_o(0V),比较器输出高电平,使计数控制信号 C 为 1。这样,计数器开始计数。

(3) 从此计数器的输出不断增加,D/A 转换器输入端得到的数字量也不断增加,致使输出电压 V_o 不断上升。在 $V_o < V_i$ 时,比较器的输出总是保持高电平,计数器不断地计数。

（4）当 V_o 上升到某值，出现 $V_o > V_i$ 的情况时，此时，比较器的输出为低电平，使计数控制信号 C 为 0，计数器停止计数。这时候数字输出量 $D_7 \sim D_0$ 就是与模拟电压等效的数字量。计数控制信号由高变低的负跳变也是 A/D 转换的结束信号，表示已完成一次 A/D 转换。

11.1.2 双积分式 A/D 转换器原理

双积分式 A/D 转换器对输入模拟电压和参考电压进行两次积分，将电压变换成与其成正比的时间间隔，利用时钟脉冲和计数器测出其时间间隔，完成 A/D 转换。双积分式 A/D 转换器主要包括积分器、比较器、计数器和标准电压源等部件，其电路结构图如图 11-2（a）所示。

双积分式 A/D 转换器的转换过程如下。

（1）首先对输入待测的模拟电压 V_i 进行固定时间的积分。

（2）然后转换到标准电压 V_R 进行固定斜率的反向积分（定值积分），如图 11-2（b）所示。反向积分进行到一定时间，便返回起始值。从图 11-2（b）中可看出对标准电压 V_R 进行反向积分的时间 T_2 正比于输入模拟电压，输入模拟电压越大，反向积分回到起始值的时间 T 越长，有 $V_i = (T_2/T_1)V_R$。

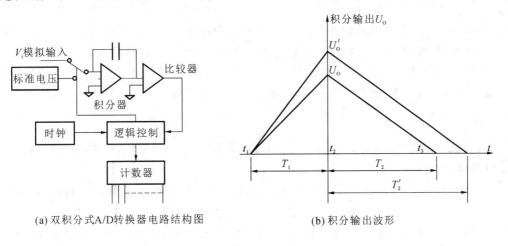

(a) 双积分式A/D转换器电路结构图　　(b) 积分输出波形

图 11-2　双积分式 A/D 转换器

（3）用标准时钟脉冲测定反向积分时间（如计数器），就可以得到对应于输入模拟电压的数字量，实现 A/D 转换。

双积分式 A/D 转换器具有很强的抗工频干扰能力，转换精度高，但速度较慢。

11.1.3 逐次逼近式 A/D 转换器原理

逐次逼近式 A/D 转换器电路结构如图 11-3 所示，其工作过程可与天平称重物类比，图中的电压比较器相当于天平，被测电压 U_x 相当于重物，基准电压 U_r 相当于电压砝码。该方案具有各种规格的按 8421 编码的二进制电压砝码 U_r，根据 $U_x < U_r$ 和 $U_x > U_r$，比较器有不同的输出以打开或关闭逐次逼近寄存器的各位。输出从大到小的基准电压砝码，与被测电压 U_x 比较，并逐渐减小其差值，使之逼近平衡。当 $U_x = U_r$ 时，比较器输出为零，相当于天平平衡，最后以数字显示的平衡值即为被测电压值。

被测电压

U_x → 电压比较器 → 逐次逼近比较寄存器(A/D) ← 时钟脉冲

ΔU

译码显示

...

a_1 a_2 a_3 a_4 a_5 ... a_n

U基准电压 — 解码开关网络(D/A) ← 基准源E_r

图 11-3 逐次逼近式 A/D 转换器电路结构

11.2 A/D 转换器的主要指标

11.2.1 分辨率

分辨率用来反映 A/D 转换器对输入电压微小变化的响应能力,通常用数字输出最低位(LSB)所对应的模拟输入的电平值表示。n 位 A/D 转换能反映 $\frac{1}{2}n$ 满量程的模拟输入电平。分辨率直接与转换器的位数有关,一般也可简单地用数字量的位数来表示分辨率,即 n 位二进制数,最低位所具有的权值,就是它的分辨率。

值得注意的是,分辨率与精度是两个不同的概念,不要把两者相混淆。即使分辨率很高,也可能由于温度漂移、线性度等原因,而使其精度不够高。

11.2.2 精度

精度有绝对精度(absolute accuracy)和相对精度(relative accuracy)两种表示方法。

1.绝对精度

在一个转换器中,对应于一个数字量的实际模拟输入电压和理想的模拟输入电压之差并非是一个常数。把它们之间的差的最大值,定义为"绝对误差"。通常以数字量的最小有效位(LSB)的分数值来表示绝对精度,如±1LSB。绝对误差包括量化精度和其他所有精度。

2.相对精度

相对精度是指在整个转换范围内,任一数字量所对应的模拟输入量的实际值与理论值之差,用模拟电压满量程的百分比表示。

例如,满量程为 10 V,10 位 A/D 芯片,若其绝对精度为 $\pm\frac{1}{2}$LSB,则其最小有效位的量化单位为 9.77 mV,其绝对精度为 4.88 mV,其相对精度为 0.048%。

11.2.3 转换时间

转换时间是指完成一次 A/D 转换所需的时间,即由发出启动转换命令信号到转换结束信号开始有效的时间间隔。

转换时间的倒数称为转换速率。例如 AD570 的转换时间为 25 μs,其转换速率为40 kHz。

11.2.4 量程

量程是指所能转换的模拟输入电压范围,分单极性、双极性两种类型。

例如,单极性的量程为 0~+5 V,0~+10 V,0~+20 V;双极性的量程为-5~+5 V,
-10~+10 V。

 ## 11.3 S3C2440A 的 A/D 转换器

11.3.1 S3C2440A 的 A/D 转换器和触摸屏接口电路

S3C2440A 包含一个 8 通道的 A/D 转换器,内部结构如图 11-4 所示,该电路可以将模拟输入信号转换成 10 位数字编码(10 位分辨率),差分线性误差为±1.0 LSB,积分线性误差为±2.0 LSB。在 A/D 转换时钟频率为 2.5 MHz 时,其最大转换率为 500 KSPS(kilo samples per second,千采样点每秒),输入电压范围是 0~3.3 V。A/D 转换器支持片上操作、采样保持功能和掉电模式。S3C2440A 的 A/D 转换器和触摸屏接口电路如图 11-4 所示。

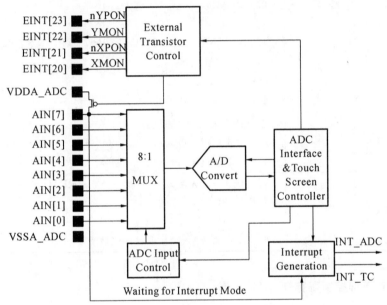

图 11-4 S3C2440A 的 A/D 转换器和触摸屏接口电路

11.3.2 与 S3C2440A 的 A/D 转换器相关的寄存器

使用 S3C2440A 的 A/D 转换器进行模拟信号到数字信号的转换,需要配置以下相关的寄存器。

1. ADC 控制寄存器(ADCCON)

ADC 控制寄存器(ADCCON)是一个 16 位的可读/写的寄存器,地址为 0x58000000,复位值为 0x3FC4。ADCCON 的位功能描述如表 11-1 所示。

表 11-1 ADC 控制寄存器(ADCCON)的位功能

ADCCON	位	描 述	起始状态
ECFLG	[15]	AD 转换结束标志(只读) 0=A/D 转换操作中 1=A/D 转换结束	0

续表

ADCCON	位	描　述	起始状态
PRSCEN	[14]	A/D 转换器预分频器使能 0＝ 停止 1＝ 使能	0
PRSCVL	[13:6]	A/D 转换器预分频器数值： 数据值范围：1～255 注意当预分频的值为 N,则除数实际上为(N+1) 注意：ADC 频率应该设置成小于 PLCK 的 5 倍 (例如,如果 PCLK＝10 MHz,ADC 频率 ＜ 2MHz）	0xFF
SEL_MUX	[5:3]	模拟输入通道选择。 000 ＝ AIN 0　　　　001 ＝ AIN 1 010 ＝ AIN 2　　　　011 ＝ AIN 3 100 ＝ AIN 4　　　　101 ＝ AIN 5 110 ＝ AIN 6　　　　111 ＝ AIN 7 (XP)	0
STDBM	[2]	Standby 模式选择 0 ＝ 普通模式 1 ＝ Standby 模式	1
READ_START	[1]	通过读取来启动 A/D 转换 0＝ 停止通过读取启动 1＝ 使能通过读取启动	0
ENABLE_START	[0]	通过设置该位来启动 A/D 操作。如果READ_START 是使能的,这个值就无效 0＝无操作 1＝ A/D 转换启动,启动后该位被清零	0

2. ADC 触摸屏控制寄存器(ADCTSC)

ADC 触摸屏控制寄存器(ADCTSC)是一个可读/写的寄存器,地址为 0x58000004,复位值为 0x058。ADCTSC 的位功能描述如表 11-2 所示。在正常 A/D 转换时,AUTO_PST 和 XY_PST 都置成 0 即可,其他各位与触摸屏有关,不需要进行设置。

表 11-2　ADC 触摸屏控制寄存器(ADCTSC)的位功能

ADCTSC	位	描　述	起始状态
保留	[8]	该位应该为 0	0
YM_SEN	[7]	选择 YMON 的输出值 0＝ YMON 输出是 0 (YM ＝高阻) 1＝ YMON 输出是 1 (YM ＝ GND)	0
YP_SEN	[6]	选择 nYPON 的输出值 0＝ nYPON 输出是 0 (YP ＝外部电压) 1＝ nYPON 输出是 1 (YP 连接 AIN[5])	1
XM_SEN	[5]	选择 XMON 的输出值. 0＝ XMON 输出是 0 (XM ＝ 高阻) 1＝ XMON 输出是 1 (XM ＝ GND)	0

续表

ADCTSC	位	描　述	起始状态
XP_SEN	[4]	选择 nXPON 的输出值 0 = nXPON 输出是 0（XP = 外部电压） 1 = nXPON 输出是 1（XP 连接 AIN[7]）	1
PULL_UP	[3]	上拉切换使能 0 = XP 上拉使能 1 = XP 上拉禁止	1
AUTO_PST	[2]	自动连续转换 X 轴坐标和 Y 轴坐标 0 = 普通 ADC 转换 1 = 自动（连续）X/Y 轴坐标转换模式	0
XY_PST	[1:0]	手动测量 X 轴坐标和 Y 轴坐标 00 = 无操作模式　　01 = 对 X 轴坐标进行测量 10 = 对 Y 轴坐标进行测量　　11 = 等待中断模式	0

注：在自动模式下，ADCTSC 寄存器应该在读取启动之前重新设置。

3. ADC 启动延时寄存器（ADCDLY）

ADC 启动延时寄存器（ADCDLY）是一个可读/写的寄存器，地址为 0x58000008，复位值为 0x00FF。ADCDLY 的位功能描述如表 11-3 所示。

表 11-3　ADC 启动延时寄存器（ADCDLY）的位功能

ADCDLY	位	描　述	起始状态
DELAY	[15:0]	（1）正常转换模式，分离 X/Y 轴坐标转换模式和自动（连续）X/Y 轴坐标转换模式 X/Y 轴坐标转换延时值设置 （2）等待中断模式 在等待中断模式下触笔点击发生时，这个寄存器以几毫秒的时间间隔为自动 X/Y 轴坐标转换产生中断信号（INT_TC） 注意：不能使用 0 值（0x0000）	00ff

4. ADC 转换数据寄存器（ADCDAT0 和 ADCDAT1）

S3C2440A 有 ADCDAT0 和 ADCDAT1 两个 ADC 转换数据寄存器。ADCDAT0 和 ADCDAT1 为只读寄存器，地址分别为 0x5800000C 和 0x58000010。在触摸屏应用中，分别使用 ADCDAT0 和 ADCDAT1 保存 X 位置和 Y 位置的转换数据。对于正常的 A/D 转换，使用 ADCDAT0 来保存转换后的数据。

ADCDAT0 的位功能描述如表 11-4 所示，ADCDAT1 的位功能描述除了位[9:0]为 Y 位置的转换数据值以外，其他与 ADCDAT0 类似。通过读取该寄存器的位[9:0]，可以获得转换后的数字量。

表 11-4　ADC 转换数据寄存器（ADCDAT0）的位功能

ADCDAT0	位	描　　　述	起 始 状 态
UPDOWN	[15]	等待中断模式下触笔的点击或提起状态 0＝触笔点击状态 1＝触笔提起状态	—
AUTO_PST	[14]	自动连续 X/Y 轴坐标转换模式 0＝普通 ADC 转换 1＝X/Y 轴坐标连续转换	—
XY_PST	[13:12]	手动 X/Y 轴坐标转换模式 00 ＝无操作 01 ＝ X 轴坐标转换 10 ＝ Y 轴坐标转换 11 ＝等待中断模式	—
保留	[11:10]	保留	
XPDATA（或普通 ADC 转换数据）	[9:0]	X 轴坐标转换数据值（或者是普通 ADC 转换数据值） 数据值范围:0 ～ 3FF	—

11.4　S3C2440A 的 A/D 接口编程实例

下面介绍一个 A/D 接口编程实例,其功能实现从 A/D 转换器的通道 0 获取模拟数据,并将转换后的数字量以波形的形式在 LCD 上显示。模拟输入信号的电压范围必须是 0 ～2.5 V。

程序如下：

1. 定义与 A/D 转换相关的寄存器

定义如下：

```
# define rADCCON(* (volatile unsigned* )0x58000000)    //ADC 控制寄存器
# define rADCTSC(* (volatile unsigned* )0x58000004)    //ADC 触摸屏控制寄存器
# define rADCDLY(* (volatile unsigned* )0x58000008)    //ADC 启动或间隔延时寄存器
# define rADCDAT0(* (volatile unsigned* )0x5800000c)   //ADC 转换数据寄存器 0
# define rADCDAT1(* (volatile unsigned* )0x58000010)   //ADC 转换数据寄存器 1
```

2. 对 A/D 转换器进行初始化

程序中的参数 ch 表示所选择的通道号,程序如下：

```
void AD_Init(unsigned char ch)
{
rADCDLY= 100;                  //ADC 启动或间隔延时
rADCTSC= 0;                    //选择 ADC 模式
rADCCON= (1<<14)|(49<<6)|(ch<<3)| (0<<2)|(0<<1)|(0);  //设置 ADC 控制寄存器
}
```

3. 获取 A/D 的转换值

程序中的参数 ch 表示所选择的通道号,程序如下：

```
int Get_AD(unsigned char ch){
    int i;
    int val= 0;
    if (ch> 7) return 0;                          //通道不能大于 7
        for(i= 0; i< 16; i++){                    //为转换准确,转换 16 次
            rADCCON |= 0x1;                       //启动 A/D 转换
            rADCCON= rADCCON&0xffc7 |(ch<< 3);
            while (rADCCON&0x1);                  //避免第一个标志出错
            while(! (rADCCON&0x8000));            //避免第二个标志出错
            val += (rADCDAT0&0x03ff);
            Delay(10);
        }
    return(val >> 4);                             //为转换准确,除以 16 取均值
}
```

思考与练习

1. 简述 A/D 转换的方式及其原理,它们各自有何优缺点?
2. S3C2440A 的 A/D 转换器有哪些主要寄存器? 简述各个寄存器的功能。
3. 举例说明 S3C2440A 的 A/D 转换器的应用。

第12章 实时时钟 RTC

本章介绍了 S3C2440 实时时钟的基本原理及其寄存器的用法,在此基础上通过一个应用实例展示其具体用法。

本章主要内容:

- RTC 介绍。
- RTC 控制器寄存器。
- RTC 应用实例。

12.1 RTC 基本知识

RTC(real-time clock)实时时钟,是一种时钟,是一个由晶体控制精度的,向主系统提供 BCD 码表示时间和日期的器件,为操作系统提供了一个可靠的时间,并且在断电的情况下,RTC 实时时钟也可以通过电池供电,一直运行下去。

RTC 通常情况下需要外接 32.768 kHz 晶体,匹配电容、备份电源等元件。RTC 除了 I/O 口的定位不同,还有功能上的区别,比如与 MCU 的接口,现在常用的是 I²C 接口(距离短,可以与其他器件共用),还有 RAM 的数量、静态功耗大小、中断的数量,特别是精度的区别。RTC 的精度可以说与温度有很大的关系,而温度会影响晶体的频率。

实时时钟(RTC)单元可以在系统电源关闭后通过备用电池工作。RTC 可以通过使用 STRB/LDRB ARM 操作发送 8 位二-十进制交换码(BCD)值数据给 CPU。这些数据包括年、月、日、星期、时、分和秒的时间信息。

RTC 单元工作在外部 32.768 kHz 晶振并且可以执行闹钟功能。图 12-1 所示为实时时钟主振荡电路的示例。

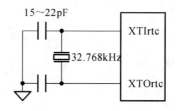

图 12-1 实时时钟主振荡电路的示例

在一个嵌入式系统中,实时时钟单元可以提供可靠的时钟,包括时、分、秒和年、月、日。即使系统处于关机状态下,它也能够正常工作(通常采用备用电池供电,能够可靠工作十年),其外围也不需要太多的辅助电路,只需要一个高精度的晶振。它具有以下一些特点:

(1)时钟数据采用 BCD 编码或二进制表示;

(2)能够对闰年的年、月、日进行自动处理;

(3)具有报警功能,当系统处于关机状态时,能产生报警中断;

(4)具有独立的电源输入;

(5)提供毫秒级的时钟中断,该中断可用于嵌入式操作系统的内核时钟。

12.2 RTC 实时时钟控制器

实时时钟方框图如图 12-2 所示。

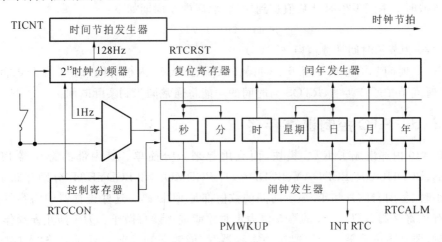

图 12-2 实时时钟方框图

12.2.1 闰年发生器

闰年发生器能够基于 BCDDATE、BCDMON 和 BCDYEAR 的数据,从 28、29、30 或 31 中决定哪个是每月的最后日。此模块决定最后日时会考虑闰年因素。8 位计数器只能够表示为 2 个 BCD 数字,因此其不能判决"00"年(最后两位数为 0 的年份)是否为闰年。例如,其不能判别 1900 和 2000 年是否为闰年。请注意 1900 年不是闰年,而 2000 年是闰年。因此,S3C2440A 中 00 的两位数是表示 2000 年,而不表示 1900 年。读/写寄存器为了写 RTC 模块中的 BCD 寄存器,RTCCON 寄存器的位[0]必须设置为高电平。为了显示年、月、日、时、分和秒,CPU 应该分别读取 RTC 模块中的 BCDSEC、BCDMIN、BCDHOUR、BCDDAY、BCDDATE、BCDMON 和 BCDYEAR 寄存器中的数据。然而可能存在 1 秒的偏差,因为读取了多个寄存器。例如,当用户从 BCDYEAR 到 BCDMIN 读取寄存器,其结果假定为 2059(年)、12(月)、31(日)、23(时)和 59(分)。当用户读取 BCDSEC 寄存器并且值的范围是从 1 到 59(秒),这没有问题,但是如果该值为 0 秒。则年、月、日、时和分可能会变为 2060(年)、1(月)、1(日)、0(时)和 0(分),因为存在着 1 秒的偏差。在这种情况中,如果 BCDSEC 为 0 则用户应该重新读取 BCDYEAR 到 BCDSEC。

12.2.2 备用电池操作

RTC 逻辑可以由备用电池驱动,即使系统电源关闭了,也可由 RTCVDD 引脚供电给 RTC 模块。当系统电源关闭了则应该阻塞掉 CPU 和 RTC 逻辑的接口,并且备用电池只驱动振荡电路和 BCD 计数器,以使功率消耗最小化。

12.2.3 闹钟功能

RTC 在掉电模式下或正常工作模式下的指定时间内可产生一个闹钟信号。在正常工作模式下,只激活闹钟中断(INT_RTC)信号。在掉电模式下,除了 INT_RTC 信号被激活之外还激活了电源管理唤醒(PMWKUP)信号。RTC 闹钟寄存器(RTCALM)决定了闹钟使能/禁止状态和闹钟时间设置的条件。

12.2.4 节拍时间中断

RTC 节拍时间是用于中断请求的。TICNT 寄存器有一个中断使能位和中断的计数值。当节拍时间中断发生时计数值达到'0'。然后中断周期如下：

$$周期＝(n+1)/128 \text{ s}$$

式中：n 为节拍时间计数值(1 至 127)。

此 RTC 时间节拍可能被用于实时操作系统(RTOS)内核时间节拍。如果时间节拍是由 RTC 时间节拍所产生的,RTOS 与时间的功能将通常同步到实际时间。

12.3 RTC 控制器寄存器

S3C2440 内部集成了 RTC 模块,而且用起来十分简单。其内部的寄存器 BCDSEC、BCDMIN、BCDHOUR、BCDDAY、BCDDATE、BCDMON 和 BCDYEAR 分别存储了当前的秒、分、小时、星期、日、月和年,表示时间的数值都是 BCD 码。这些寄存器的内容可读可写,并且只有在寄存器 RTCCON 的第 0 位为 1 时才能进行读写操作。为了防止误操作,当不进行读写时,要把该位清零。当读取这些寄存器时,能够获知当前的时间;当写入这些寄存器时,能够改变当前的时间。另外需要注意的是,因为有所谓的"一秒误差",因此当读取到的秒为 0 时,需要重新再读取一遍这些寄存器的内容,才能保证时间的正确。

1. 实时时钟控制(RTCCON)寄存器

RTCCON 寄存器由 4 位组成,如控制 BCD 寄存器读/写使能的 RTCEN、CLKSEL、CNTSEL 和测试用的 CLKRST。

RTCEN 位可以控制所有 CPU 与 RTC 之间的接口,因此在系统复位后在 RTC 控制程序中必须设置为 1 来使能数据的读/写。同样在掉电前,RTCEN 位应该清除为 0 来预防误写入 RTC 寄存器中。

RTCCON 寄存器的描述及详细说明如表 12-1、表 12-2 所示。

表 12-1　实时时钟控制(RTCCON)寄存器的描述

寄　存　器	地　　址	R/W	描　　述	复　位　值
RTCCON	0x57000040(L) 0x57000043(B)	R/W (字节)	RTC 控制寄存器	0x0

表 12-2　RTCCON 寄存器的详细说明

RTCCON	位	描　　述	初　始　状　态
CLKRST	[3]	RTC 时钟计数复位 0=不复位　　　　　　　　1=复位	0
CNTSEL	[2]	BCD 计数选择 0=融入 BCD 计算器　　　　1=保留(分离 BCD 计数器)	0
CLKSEL	[1]	BCD 时钟选择 0=XTAL 1/215 分频时钟 1=保留(XTAL 时钟只用于测试)	0
RTCEN	[0]	RTC 控制使能 0=禁止　　　　　　　　　1=使能 注意:只能执行 BCD 时间计数和读写	0

2. 节拍时间计数(TICNT)寄存器

TICNT 寄存器的描述和详细说明如表 12-3、表 12-4 所示。

表 12-3　节拍时间计数(TICNT)寄存器的描述

寄 存 器	地 址	R/W	描 述	复 位 值
TICNT	0x57000044(L) 0x57000047(B)	R/W (字节)	节拍时间寄存器	0x0

表 12-4　TICNT 寄存器的详细说明

TICNT	位	描 述	初 始 状 态
TICK INT 使能	[7]	节拍时间中断使能 0＝禁止　　　　　　　　　　　　1＝使能	0
TICK 时间计数	[6：0]	节拍时间计数值(1~127) 此计数器值内部递减并且用户不能在工作中读取此计数器的值	000000

3. RTC 闹钟控制(RTCALM)寄存器

RTCALM 寄存器决定了闹钟使能和闹钟时间。请注意 RTCALM 寄存器在掉电模式下同时通过 INT_RTC 和 PMWKUP 产生闹钟信号,但是在正常工作模式中只产生INT_RTC。

RTCALM 寄存器的描述和详细说明如表 12-5、表 12-6 所示。

表 12-5　RTC 闹钟控制(RTCALM)寄存器的描述

寄 存 器	地 址	R/W	描 述	复 位 值
RTCALM	0x57000050(L) 0x57000053(B)	R/W (字节)	RTC 闹钟控制寄存器	0x0

表 12-6　RTCALM 寄存器的详细说明

RTCALM	位	描 述	初 始 状 态
保留	[7]	—	0
ALMEN	[6]	全局闹钟使能 0＝禁止　　　　　　　　　1＝使能	0
YEAREN	[5]	年闹钟使能 0＝禁止　　　　　　　　　1＝使能	0
MONREN	[4]	月闹钟使能 0＝禁止　　　　　　　　　1＝使能	0

续表

RTCALM	位	描　述		初 始 状 态
DATEEN	[3]	日闹钟使能 0＝禁止	1＝使能	0
HOUREN	[2]	时闹钟使能 0＝禁止	1＝使能	0
MINEN	[1]	分闹钟使能 0＝禁止	1＝使能	0
SECEN	[0]	秒闹钟使能 0＝禁止	1＝使能	0

4. 闹钟秒数据（ALMSEC）寄存器

ALMSEC 寄存器的描述和详细说明如表 12-7、表 12-8 所示。

表 12-7　闹钟秒数据（ALMSEC）寄存器的描述

寄　存　器	地　　址	R/W	描　　述	复　位　值
ALMSEC	0x57000054(L) 0x57000057(B)	R/W （字节）	闹钟秒数据寄存器	0x0

表 12-8　ALMSEC 寄存器的详细说明

ALMSEC	位	描　　述	初 始 状 态
保留	[7]	—	0
SECDATA	[6：4]	闹钟秒 BCD 值 0 至 5	000
	[3：0]	0 至 9	0000

5. 闹钟分数据（ALMMIN）寄存器

ALMMIN 寄存器的描述和详细说明如表 12-9、表 12-10 所示。

表 12-9　闹钟分数据（ALMMIN）寄存器的描述

寄　存　器	地　　址	R/W	描　　述	复　位　值
ALMMIN	0x57000058(L) 0x5700005B(B)	R/W （字节）	闹钟分数据寄存器	0x0

表 12-10　ALMMIN 寄存器的详细说明

ALMMIN	位	描　　述	初 始 状 态
保留	[7]	—	0
MINDATA	[6：4]	闹钟分 BCD 值 0 至 5	000
	[3：0]	0 至 9	0000

6. 闹钟时数据（ALMHOUR）寄存器

ALMHOUR 寄存器的描述和详细说明如表 12-11、表 12-12 所示。

表 12-11　闹钟时数据（ALMHOUR）寄存器的描述

寄　存　器	地　　址	R/W	描　　述	复　位　值
ALMHOUR	0x5700005C(L) 0x5700005F(B)	R/W （字节）	闹钟时数据寄存器	0x0

表 12-12　ALMHOUR 寄存器的详细说明

ALMHOUR	位	描　　述	初 始 状 态
保留	[7:6]	—	0
HOURDATA	[5:4]	闹钟时 BCD 值 0 至 2	00
	[3:0]	0 至 9	0000

7. 闹钟日数据（ALMDATE）寄存器

ALMDATE 寄存器的描述和详细说明如表 12-13、表 12-14 所示。

表 12-13　闹钟日数据（ALMDATE）寄存器的描述

寄　存　器	地　　址	R/W	描　　述	复　位　值
ALMDATE	0x57000060(L) 0x57000063(B)	R/W （字节）	闹钟日数据寄存器	0x01

表 12-14　ALMDATE 寄存器的详细说明

ALMDATE	位	描　　述	初 始 状 态
保留	[7:6]	—	00
DATEDATA	[5:4]	闹钟日 BCD 值 0 至 3	00
	[3:0]	0 至 9	0001

8. 闹钟月数据（ALMMON）寄存器

ALMMON 寄存器的描述和详细说明如表 12-15、表 12-16 所示。

表 12-15　闹钟月数据（ALMMON）寄存器的描述

寄　存　器	地　　址	R/W	描　　述	复　位　值
ALMMON	0x57000064(L) 0x57000067(B)	R/W （字节）	闹钟月数据寄存器	0x01

表 12-16　ALMMON 寄存器的详细说明

ALMMON	位	描　　述	初 始 状 态
保留	[7:5]	—	00

ALMMON	位	描　　述	初 始 状 态
MONDATA	[4]	闹钟月 BCD 值 0 至 1	0
	[3：0]	0 至 9	0001

9. 闹钟年数据（ALMYEAR）寄存器

ALMYEAR 寄存器的描述和详细说明如表 12-17、表 12-18 所示。

表 12-17　闹钟年数据（ALMYEAR）寄存器的描述

寄 存 器	地　　址	R/W	描　　述	复 位 值
ALMYEAR	0x57000068(L) 0x5700006B(B)	R/W （字节）	闹钟年数据寄存器	0x0

表 12-18　ALMYEAR 寄存器的详细说明

ALMYEAR	位	描　　述	初 始 状 态
YEARDATA	[7：0]	闹钟年 BCD 值 00 至 99	0x0

10. BCD 秒（BCDSEC）寄存器

BCDSEC 寄存器的描述和详细说明如表 12-19、表 12-20 所示。

表 12-19　BCD 秒（BCDSEC）寄存器的描述

寄 存 器	地　　址	R/W	描　　述	复 位 值
BCDSEC	0x57000070(L) 0x57000073(B)	R/W （字节）	BCD 秒寄存器	未定义

表 12-20　BCDSEC 寄存器的详细说明

BCDSEC	位	描　　述	初 始 状 态
保留	[7]	—	—
SECDATA	[6：4]	秒 BCD 值 0 至 5	—
	[3：0]	0 至 9	—

11. BCD 分（BCDMIN）寄存器

BCDMIN 寄存器的描述和详细说明如表 12-21、表 12-22 所示。

表 12-21　BCD 分（BCDMIN）寄存器的描述

寄 存 器	地　　址	R/W	描　　述	复 位 值
BCDMIN	0x57000074(L) 0x57000077(B)	R/W （字节）	BCD 分寄存储	未定义

表 12-22 BCDMIN 寄存器的详细说明

BCDMIN	位	描　述	初 始 状 态
保留	[7]	—	—
MINDATA	[6：4]	分 BCD 值 0 至 5	—
	[3：0]	0 至 9	—

12. BCD 时（BCDHOUR）寄存器

BCDHOUR 寄存器的描述和详细说明如表 12-23、表 12-24 所示。

表 12-23　BCD 时（BCDHOUR）寄存器的描述

寄 存 器	地　址	R/W	描　述	复 位 值
BCDHOUR	0x57000078(L) 0x5700007B(B)	R/W （字节）	BCD 时寄存器	未定义

表 12-24　BCDHOUR 寄存器的详细说明

BCDHOUR	位	描　述	初 始 状 态
保留	[7：6]	—	—
HOURDATA	[5：4]	时 BCD 值 0 至 2	—
	[3：0]	0 至 9	—

13. BCD 日（BCDDATE）寄存器

BCDDATE 寄存器的描述和详细说明如表 12-25、表 12-26 所示。

表 12-25　BCD 日（BCDDATE）寄存器的描述

寄 存 器	地　址	R/W	描　述	复 位 值
BCDDATE	0x5700007C(L) 0x5700007F(B)	R/W （字节）	BCD 日寄存器	未定义

表 12-26　BCDDATE 寄存器的详细说明

BCDDATE	位	描　述	初 始 状 态
保留	[7：6]	—	—
DATEDATA	[5：4]	日 BCD 值 0 至 3	—
	[3：0]	0 至 9	—

14. BCD 星期（BCDDAY）寄存器

BCDDAY 寄存器的描述和详细说明如表 12-27、表 12-28 所示。

表 12-27　BCD 星期（BCDDAY）寄存器的描述

寄 存 器	地　址	R/W	描　述	复 位 值
BCDMON	0x57000080(L) 0x57000083(B)	R/W （字节）	BCD 星期寄存器	未定义

表 12-28　BCDDAY 寄存器的详细说明

BCDDAY	位	描　述	初 始 状 态
保留	[7：3]	—	—
DAYDATA	[2：0]	星期 BCD 值 1 至 7	—

15. BCD 月（BCDMON）寄存器

BCDMON 寄存器的描述和详细说明如表 12-29、表 12-30 所示。

表 12-29　BCD 月（BCDMON）寄存器的描述

寄 存 器	地　址	R/W	描　述	复 位 值
BCDMON	0x57000084(L) 0x57000087(B)	R/W （字节）	BCD 月寄存器	未定义

表 12-30　BCDMON 寄存器的详细说明

BCDMON	位	描　述	初 始 状 态
保留	[7：5]	—	—
MONDATA	[4]	月 BCD 值 0 至 1	—
	[3：0]	0 至 9	—

16. BCD 年（BCDYEAR）寄存器

BCDYEAR 寄存器的描述和详细说明如表 12-31、表 12-32 所示。

表 12-31　BCD 年（BCDYEAR）寄存器的描述

寄 存 器	地　址	R/W	描　述	复 位 值
BCDYEAR	0x57000088(L) 0x5700008B(B)	R/W （字节）	BCD 年寄存器	未定义

表 12-32　BCDYEAR 寄存器的详细说明

BCDYEAR	位	描　述	初 始 状 态
YEARDATA	[7：0]	年 BCD 值 00 至 99	—

12.4　RTC 控制器寄存器应用实例

　　程序功能：串口每秒显示一次时间并且 LED1 闪一次，在闹钟设置中，秒为 20 时，显示闹钟时间且蜂鸣器发声几秒钟。

```c
# include "2440addr.h"
# include "Option.h"
# include "2440lib.h"
# include "def.h"

# define   LED1_ON     (rGPBDAT &= ~ (1< < 5))
# define   LED1_OFF    (rGPBDAT |= (1< < 5) )


void __irq RTC_tickHandler(void);
void __irq RTC_alarmHandler(void);

U8 alarmflag= 0;

typedef struct Date //定义一个表示日期时间的结构体
    {   U16 year;
        U8 month;
        U8 day;
        U8 week_day;
        U8 hour;
        U8 minute;
        U8 second;
    }date;
date C_date;
char * week_num[7]= { "SUN","MON", "TUES", "WED", "THURS","FRI", "SAT" };//定义一个
```
指针数组
```c
void Beep_Freq_Set ( U32 freq )
{

    rGPBCON &= ~ 3;
    rGPBCON |= 2;            //设置 GPB0 为 OUT0

    rGPBUP= 0x0;      //使能上拉

    rTCFG0 &= ~ 0xff;
    rTCFG0 |= 15;           //预分频值为 15

    rTCFG1 &= ~ 0x0f;
    rTCFG1 |= 0x02;   //分频值为 8

    rTCNTB0 =   (PCLK> > 7)/freq; //设定定时器 0 计数缓冲器的值
    rTCMPB0 =   rTCNTB0> > 1;       // 定时器 0 比较缓冲器的值,PWM 输出占空比 50%

    rTCON &= ~ 0x1f;
    rTCON |=  0xb;    //自动重载,关闭变相,手动更新,开启定时器 0
```

```
    rTCON &= ~ 2;              //清除手动更新位
}


void Beep_Stop( void )
{
    rGPBCON &= ~ 3;
    rGPBCON |= 1;
    rGPBDAT &= ~ 1;           //输出低电平
}


void delay(int x)
{
    int i,j;
    for(i= 0;i< x;i+ + )
    for(j= 0;j< 1000000;j+ + );
}
/* * * * * * * * * * * * * * * * * * * * * * * * * * * * * * *
    *
    *    设置实时时钟日期、时间
    *
    * * * * * * * * * * * * * * * * * * * * * * * * * * * * * * * * */
void RTC_setdate(date * p_date)
{
    rRTCCON= 0x01;    //RTC 读写使能,BCD 时钟、计数器、无复位

    rBCDYEAR =  p_date-> year;
    rBCDMON =  p_date-> month;
    rBCDDATE =  p_date-> day;
    rBCDDAY = p_date-> week_day;   //设置日期时间
    rBCDHOUR =  p_date-> hour;
    rBCDMIN = p_date-> minute;
    rBCDSEC = p_date-> second;

    rRTCCON= 0x00;    //RTC 读写禁止,BCD 时钟、计数器、无复位
}
/* * * * * * * * * * * * * * * * * * * * * * * * * * * * * * *
    *
    *    读取实时时钟日期、时间
    *
    * * * * * * * * * * * * * * * * * * * * * * * * * * * * * * * * */
void RTC_getdate(date * p_date)
{
    rRTCCON= 0x01;    //RTC 读写使能,BCD 时钟、计数器、无复位
    p_date-> year =  rBCDYEAR+ 0x2000;
    p_date-> month =  rBCDMON;
```

```
    p_date-> day = rBCDDATE;

    p_date-> week_day = rBCDDAY;   //读取日期时间

    p_date-> hour = rBCDHOUR;

    p_date-> minute = rBCDMIN;

    p_date-> second = rBCDSEC;

    rRTCCON= 0x00;    //RTC读写禁止，BCD时钟、计数器、无复位
}

/* * * * * * * * * * * * * * * * * * * * * * * * * * * * * *
   *
   *    TICK中断初始化
   *
   * * * * * * * * * * * * * * * * * * * * * * * * * * * * * * * /
void RTC_tickIRQ_Init(U8 tick)
{
    ClearPending(BIT_TICK); //清除标志位
    EnableIrq(BIT_TICK);     //使能中断源

    pISR_TICK= (unsigned)RTC_tickHandler;      //中断函数入口地址

    rRTCCON= 0x00;

    rTICNT= (tick&0x7f)|0x80;     //使能中断
}
/* * * * * * * * * * * * * * * * * * * * * * * * * * * * * *
*
*    设置闹钟日期、时间及其闹钟唤醒模式
*
   * * * * * * * * * * * * * * * * * * * * * * * * * * * * * * * * /
void RTC_alarm_setdate(date * p_date,U8 mode)
{
    rRTCCON =  0x01;

    rALMYEAR =  p_date-> year;
    rALMMON =  p_date-> month;
    rALMDATE =  p_date-> day;
    rALMHOUR =  p_date-> hour;
    rALMMIN =  p_date-> minute;
    rALMSEC =  p_date-> second;
    rRTCALM =  mode;        //RTC闹钟控制寄存器

    rRTCCON =  0x00;
    ClearPending(BIT_RTC); //清除标志位
    EnableIrq(BIT_RTC); //open RTC alarm  INTERRUPT
```

153

```
            pISR_RTC =  (unsigned)RTC_alarmHandler;
    }


    void Main(void)
    {

        SelectFclk(2);  //设置系统时钟 400M
        ChangeClockDivider(2,1);    //设置分频 1：4：8
        CalcBusClk();           //计算总线频率

        rGPHCON &= ~ ((3< < 4)|(3< < 6));
        rGPHCON |= (2< < 4)|(2< < 6);      //GPH2--TXD[0];GPH3--RXD[0]
        rGPHUP= 0x00;           //使能上拉功能

        Uart_Init(0,115200);
        Uart_Select(0);

        rGPBCON &= ~ ((3< < 10)|(3< < 12)|(3< < 14)|(3< < 16));   //对 GPBCON[10:17]
清零
        rGPBCON |= ((1< < 10)|(1< < 12)|(1< < 14)|(1< < 16));     //设置 GPB5~ 8 为输出
        rGPBUP &= ~ ((1< < 5)|(1< < 6)|(1< < 7)|(1< < 8));        //设置 GPB5~ 8 的上拉
功能
        rGPBDAT |= (1< < 5)|(1< < 6)|(1< < 7)|(1< < 8);          //关闭 LED

        Beep_Stop();    //蜂鸣器停止发声,蜂鸣器用作闹钟声

        C_date.year =  0x12;
        C_date.month =  0x05;
        C_date.day =  0x09;
        C_date.week_day =  0x03; //设置当前日期时间
        C_date.hour =  0x12;
        C_date.minute =  0x00;
        C_date.second =  0x10;

        RTC_setdate(&C_date);

        C_date.second= 0x20;

        RTC_alarm_setdate(&C_date,0x41);//0x41 表示使能 RTC 闹钟,以及使能秒时钟闹钟

        RTC_tickIRQ_Init(127);            // 设置 1 秒钟 tick(发滴答声)一次
        Uart_Printf("\n ---实时时钟测试程序---\n");
        while(Uart_GetKey()! =  ESC_KEY)
        {
            LED1_OFF;
```

```
                RTC_getdate(&C_date);
                if(alarmflag)
                {
                    alarmflag= 0;

                    Uart_Printf("\nRTC ALARM  % 02x:% 02x:% 02x \n",C_date.hour,C_date.
minute,C_date.second);
                    Beep_Freq_Set(1000);
                    delay(5);
                    Beep_Stop();
                }
        }

}
/* * * * * * * * * * * * * * * * * * * * * * * * * * * * *
    *
    *   TICK 中断
    *
    * * * * * * * * * * * * * * * * * * * * * * * * * * * * * * * /
void __irq RTC_tickHandler(void)
{
    ClearPending(BIT_TICK);
    LED1_ON;    //刷新 LED1
    Delay(500);
    RTC_getdate(&C_date);
    Uart_Printf("RTC TIME: % 04x-% 02x-% 02x  % s % 02x:% 02x:% 02x\n", C_date.
year,C_date.month,C_date.day,week_num[C_date.week_day], C_date.hour, C_date.
minute, C_date.second );

}

/* * * * * * * * * * * * * * * * * * * * * * * * * * * * *
    *
    *   TICK 中断
    *
    * * * * * * * * * * * * * * * * * * * * * * * * * * * * * * * /
void __irq RTC_alarmHandler(void)
{
    alarmflag = 1;
    ClearPending(BIT_RTC);
}
```

思考与练习

1. 什么是实时时钟 RTC？如何实现实时控制？
2. RTC 有哪些主要寄存器？简述各个寄存器的功能。
3. 举例说明 RTC 实时时钟的应用。

第13章 I²C总线

本章将系统地介绍 I²C 总线的相关知识,包括从理论到实际应用,嵌入式系统已成为当前最为热门的领域之一,受到全世界各个方面的广泛关注,越来越多的人开始学习嵌入式系统技术及相应的开发技术。本章将向读者介绍嵌入式系统的基本知识。

本章的主要内容:

- I²C 总线介绍。
- 嵌入式系统的主要组成。
- 常见的操作系统举例。
- 嵌入式系统开发方法概述。

13.1　I²C 总线概述

13.1.1　I²C 总线介绍

I²C(inter-integrated circuit,又称 IIC)总线是一种由 PHILIPS 公司开发的两线式串行总线,用于连接微控制器及其外围设备,它是具备总线仲裁和高低速设备同步等功能的高性能多主机总线,直接用导线连接设备,通信时无须片选信号。

I²C 总线产生于 20 世纪 80 年代,最初是为音频和视频设备开发的,如今主要在服务器管理中使用,其中包括单个组件状态的通信。例如管理员可对各个组件进行查询,以管理系统的配置或掌握组件的功能状态,如电源和系统风扇;可随时监控内存、硬盘、网络、系统温度等参数,增加了系统的安全性,方便了管理。

I²C 总线具有如下几个特点。

(1) 只要求两条总线线路:一条串行数据线 SDA,一条串行时钟线 SCL。

(2) 每个连接到总线的器件都可以通过唯一的地址和一直存在的简单的主机/从机关系软件设定地址,主机可以作为主机发送器或主机接收器。

(3) 它是一个真正的多主机总线,它支持多主控(multimastering),其中任何能够进行发送和接收的设备都可以成为主总线,如果两个或更多主机同时初始化,数据传输可以通过冲突检测和仲裁防止数据被破坏。

(4) 串行的 8 位双向数据传输位速率在标准模式下可达 100 kbit/s,快速模式下可达 400 kbit/s,高速模式下可达 3.4 Mbit/s。

(5) 连接到相同总线的 IC 数量只受到总线最大电容(400pF)的限制。

(6) 由于接口直接在组件之上,因此 I²C 总线占用的空间非常小,减少了电路板的空间和芯片管脚的数量,降低了互联成本。

S3C2440A RISC 微处理器可以支持一个多主控 I²C 总线串行接口。一条专用串行数据线(SDA)和一条专用串行时钟线(SCL)传递连接到 I²C 总线的总线主控和外设之间的信息,SDA 和 SCL 都为双向的。

多主控 I²C 总线模式中,多个 S3C2440A RISC 微处理器可以接收或发送串行数据(来自或到从设备)。主机 S3C2440A 可以通过 I²C 总线启动和结束数据传输。S3C2440A 中的 I²C 总线使用的是标准总线仲裁步骤。

13.1.2 I²C 总线的基本术语及其接口工作原理

1. 相关术语

（1）发送器：发送数据到总线的器件。

（2）接收器：从总线接收数据的器件。

（3）主机：启动数据传送并产生时钟信号的设备。

（4）从机：被主机寻址的器件。

（5）多主机：同时有多于一个主机尝试控制总线但不破坏传输。

（6）主模式：用 I²CNDAT 支持自动字节计数的模式；位 I²CRM、I²CSTT、I²CSTP 控制数据的接收和发送。

（7）从模式：发送和接收操作都是由 I²C 模块自动控制的。

（8）仲裁：是一个在有多个主机同时尝试控制总线但只允许其中一个控制总线并使传输不被破坏的过程。

（9）同步：两个或多个器件同步时钟信号的过程。

2. I²C 接口结构与工作原理

在 I²C 总线上，只需要两条线——串行数据线（SDA）和串行时钟线（SCL），它们用于总线上器件之间的信息传递。SDA 和 SCL 都是双向的。各种被控制电路均并联在这条总线上，但就像电话机一样只有拨通各自的号码才能工作，所以每个电路和模块都有唯一的地址，而且各器件都可以作为一个发送器或接收器（由器件的功能决定）。图 13-1 所示是其接口电路的典型结构。

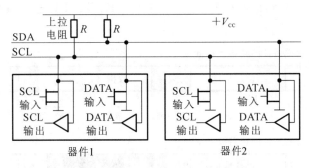

图 13-1 I²C 总线接口电路的典型结构

在信息的传输过程中，I²C 总线上并接的每一模块电路既是主控器（或被控器），又是发送器（或接收器），这取决于它所要完成的功能。CPU 发出的控制信号分为地址码和控制量两部分，地址码用来选址，即接通需要控制的电路，确定控制的种类；控制量决定该调整的类别（如对比度、亮度等）及需要调整的量。这样，各控制电路虽然挂在同一条总线上，却彼此独立，互不相关。

I²C 总线在传送数据过程中共有三种类型信号，它们分别是启动信号、停止信号和应答信号。

启动信号：SCL 为高电平时，SDA 由高电平向低电平跳变，开始传送数据。

停止信号：SCL 为高电平时，SDA 由低电平向高电平跳变，结束传送数据。

应答信号：接收数据的 IC 在接收到 8bit 数据后，向发送数据的 IC 发出特定的低电平脉冲，表示已收到数据。CPU 向受控单元发出一个信号后，等待受控单元发出一个应答信号，

CPU 接收到应答信号后,根据实际情况做出是否继续传递信号的判断。若未收到应答信号,就判断为受控单元出现故障。

启动信号由主器件产生。如图 13-2 所示,在 SCL 信号为高电平时,SDA 产生一个由高变低的电平变化,即产生一个启动信号。当 I²C 总线上产生了启动信号后,那么这条总线就被发出启动信号的主器件占用了,变成"忙"状态;在 SCL 信号为高电平时,SDA 产生一个由低变高的电平变化,产生停止信号。停止信号也由主器件产生,作用是停止与某个从器件之间的数据传输。当 I²C 总线上产生了一个停止信号后,那么在几个时钟周期之后总线就被释放,变成"闲"状态。

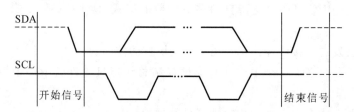

图 13-2 I²C 总线启动和停止信号的定义

13.1.3 I²C 总线的数据传输

1. 数据传输格式

放置到 SDA 线上的每个字节应该以 8 位为长度,每次传输字节可以无限制地发送。起始条件随后的第一个字节应该包含地址字段。当 I²C 总线工作在主机模式时可以由主机发送该地址字段。每个字节都应该跟随一个应答(ACK)位。I²C 总线接口的数据格式如图13-3 所示。

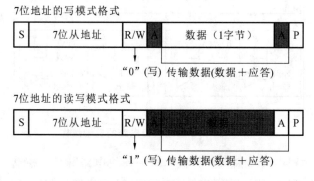

图 13-3 I²C 总线接口的数据格式

由于某种原因从机不对主机寻址信号应答时(如从机正在进行实时性的处理工作而无法接收总线上的数据),它必须将数据线置于高电平,而由主机产生一个终止信号以结束总线的数据传送。

如果从机对主机进行了应答,但在数据传送一段时间后无法继续接收更多的数据时,从机可以通过对无法接收的第一个数据字节的"非应答"通知主机,主机则应发出终止信号以结束数据的继续传送。

当主机接收数据时,它收到最后一个数据字节后,必须向从机发出一个结束传送的信号。这个信号是由对从机的"应答"来实现的。然后,从机释放 SDA 线,以允许主机产生终止信号。

I²C总线上传送的数据信号是广义的,既包括地址信号,又包括真正的数据信号。

在起始信号后必须传送一个从机的地址(7位),第8位是数据的传送方向位(R/T),用"0"表示主机发送数据(T),"1"表示主机接收数据(R)。每次数据传送总是由主机产生的终止信号结束。但是,若主机希望继续占用总线进行新的数据传送,则可以不产生终止信号,马上再次发出起始信号对另一从机进行寻址。

在总线的一次数据传送过程中,可以有以下几种组合方式。

(1) 主机向从机发送数据,数据传送方向在整个传送过程中不变,如图13-4所示。

图13-4　总线数据传输方式(1)

> **注意**:有阴影部分表示数据由主机向从机传送,无阴影部分则表示数据由从机向主机传送。A表示应答,$\overline{A}$表示非应答(高电平)。S表示起始信号,P表示终止信号。

(2) 主机在第一个字节后,立即从从机读数据,如图13-5所示。

图13-5　总线数据传输方式(2)

(3) 在传送过程中,当需要改变传送方向时,起始信号和从机地址都被重复产生一次,但两次读/写方向位正好相反,如图13-6所示。

图13-6　总线数据传输方式(3)

2. 数据传输过程

1) 发送 ACK 信号

为了完成一次单字节传输操作,接收器应该发送一个 ACK 位给发送器。如图13-7所示,ACK 脉冲应该发生在 SCL 线的第9个时钟。前8个时钟是提供给单字节传输的。主机需要产生时钟脉冲来发送 ACK 位。当发送器收到 ACK 时钟脉冲时应该通过拉高 SDA 线来释放 SDA 线。接收器在 ACK 时钟脉冲期间也应该驱动 SDA 线为低电平,以使其在第9个脉冲的高电平期间保持 SDA 线为低电平。同时发送器探测到 SDA 为低电平,就认为接收器成功接收了前面的8位数据。

ACK 位发送功能可以由软件(I²CSTAT)使能或禁止。然而,需要 SCL 的第9个时钟上的 ACK 脉冲来完成单字节的传输操作。

2) 起始和停止条件

S3C2440A 的 I²C 总线接口有4种工作模式:主机发送模式、主机接收模式、从机发送模式、从机接收模式。

当 I²C 总线接口不活动时,其通常在从机模式。换句话说,该接口在从 SDA 线上检测到起始条件之前应该处于从机模式。当接口状态被改为主机模式时,可以开始发送数据到

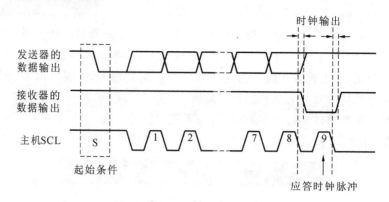

图 13-7 I²C 总线上的应答

SDA 上并且产生 SCL 信号。

　　起始条件可以传输 1 字节串行数据到 SDA 线上,而终止条件可以结束数据的传输。起始和终止条件总由主机产生。当产生了一个起始条件时 I²C 总线变为忙。终止条件将使得 I²C 总线空闲。

　　当主机发起一个起始条件时,其应该送出一个从机地址来通知从设备。地址字段的 1 字节由 7 位地址和 1 位传输方向标志(表现为读或写)组成。如果位[8]为 0,其表示一个写操作(发送操作);如果位[8]为 1,其表示一个数据读取的请求(接收操作)。主机将通过发送一个停止条件来完成传输操作。如果主机希望持续发送数据到总线上,其应该在同一个从地址再产生一个起始条件。这样就可以执行各种格式的读写操作。图 13-8 所示为起始和终止条件示意图。

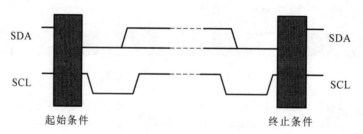

图 13-8　起始和终止条件示意图

　　3）总线竞争仲裁

　　I²C 总线上可以挂接多个器件,有时会发生两个或多个主器件同时想占用总线的情况。I²C 总线具有多主控能力,可对发生在 SDA 线上的总线竞争进行仲裁,其仲裁原则是:当多个主器件同时想占用总线时,如果某个主器件发送高电平,而另一个主器件发送低电平,则发送电平与此时 SDA 总线电平不符的那个器件将自动关闭其输出级。

　　总线竞争的仲裁是在两个层次上进行的。首先是地址位的比较,如果主器件寻址同一个从器件,则进入数据位的比较,从而确保了竞争仲裁的可靠性。由于是利用 I²C 总线上的信息进行仲裁,所以不会造成信息的丢失。

　　发生在 SDA 线上的仲裁是预防总线上两个主机的竞争。如果 SDA 为高电平的主机检测到另一个主机的 SDA 激活了低电平,其将不会启动数据传输,这是因为总线上的当前电平与其(前者)拥有的电平不符合。

　　然而,当主机同时拉低 SDA 线时,每个主机都应该判断是否分配了主控给自己。为了判断正确每个主机都应该检测其地址位。当每个主机生成从地址时,它们也应该检测SDA线上的地址位,这是因为SDA线更倾向于获得低电平而不是保持为高电平。假定一个主机产生了一个低电平作为第一个地址位,同时其他主机保持高电平。在这种情况下,主机都将检测到总线上的低电平,因为低电平状态在电平上优先于高电平状态。当发生这种情况时,产生低电平(作为地址的第一位)的主机将得到主控,同时产生高电平(作为地址的第一位)的主机应该退出主控。如果主机都产生低电平作为地址的第一位,它们应该继续通过第二个地址位仲裁。这种仲裁将持续到最后地址位结束。

如图13-9所示是一个总线竞争与仲裁的示例:假如在某I²C总线系统中存在两个主器件节点,分别记为主器件1和主器件2,其数据输出端分别为DATA1和DATA2,它们都有控制总线的能力,这就存在着发生总线冲突(即写冲突)的可能性。假设在某一瞬间两者相继向总线发出了启动信号,鉴于:I²C总线的"线与"特性,使得在数据线SDA上得到的信号波形是DATA1和DATA2两者相与的结果,该结果略微超前送出低电平的主器件1,其DATA1的下降沿被当作SDA的下降沿。在总线被启动后,主器件1企图发送数据"101……",主器件2企图发送数据"100101……"。两个主器件在每次发出一个数据位的同时都要对自己输出端的信号电平进行抽检,只要抽检的结果与它们自己预期的电平相符,就会继续占用总线,总线控制权也就得不到裁定结果。主器件1的第3位期望发送"1",也就是在第3个时钟周期内送出高电平。

在该时钟周期的高电平期间,主器件1进行例行抽检时,结果检测到一个不相匹配的电平"0",这时主器件1只好决定放弃总线控制权;因此,主器件2就成了总线的唯一主宰者,总线控制权也就最终得出了裁定结果,从而实现了总线仲裁的功能。

从以上总线仲裁的完成过程可以得出结论:仲裁过程中主器件1和主器件2都不会丢失数据;各个主器件没有优先级别之分,总线控制权是随机裁定的,即使是抢先发送启动信号的主器件1最终也并没有得到控制权。系统实际上遵循的是"低电平优先"的仲裁原则,将总线判给在数据线上先发送低电平的主器件,而其他发送高电平的主器件将失去总线控制权。

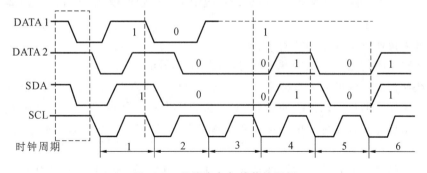

图13-9　总线竞争与仲裁的示例

13.1.4　I²C总线的寻址方式

I²C总线协议有明确的规定:采用7位的寻址字节(寻址字节是起始信号后的第一个字节)。

第一个字节的头7位组成了从机地址,最低位(LSB)是第8位,它决定了传输的方向。第一个字节的最低位是"0",表示主机会写信息到被选中的从机;"1"表示主机会向从机读信息,当发送了一个地址后,系统中的每个器件都在起始条件后将头7位与它自己的地址比较,如果一样,器件会判定它被主机寻址,至于是从机接收器还是从机发送器,是由R/W位

决定的,如图 13-10 所示。

位:	7	6	5	4	3	2	1	0
	从机地址							R/W

图 13-10　寻址字节的位定义

10 位寻址和 7 位寻址兼容,而且可以结合使用。

10 位寻址采用了保留的 1111XXX 作为起始条件(S),或重复起始条件(Sr)后的第一个字节的头 7 位。10 位寻址不会影响已有的 7 位寻址,有 7 位和 10 位地址的器件可以连接到相同的 I²C 总线。它们都能用于标准模式(F/S)和高速模式(Hs)系统。

保留地址位 1111×××有 8 个组合,但是只有 4 个组合 11110××用于 10 位寻址,剩下的 4 个组合 11111××保留给后续增强的 I²C 总线。10 位从机地址是由在起始条件(S)或重复起始条件(Sr)后的头两个字节组成。

第一个字节的头 7 位是 11110××的组合,其中最后两位(××)是 10 位地址的两个最高位(MSB)。

第一个字节的第 8 位是 R/W 位,决定了传输的方向,第一个字节的最低位是"0"表示主机将写信息到选中的从机,"1"表示主机将向从机读信息。

如果 R/W 位是"0",则第二个字节是 10 位从机地址剩下的 8 位;如果 R/W 位是"1"则下一个字节是从机发送给主机的数据。

13.1.5　I²C 总线的速度模式

1. 快速模式

快速模式器件可以在 400 kbit/s 下接收和发送数据。最低要求是:它们可以和 400 kbit/s 传输同步,可以延长 SCL 信号的低电平周期来减慢传输速度。快速模式器件都向下兼容,可以和标准模式器件在 0~100 kbit/s 的 I²C 总线系统通信。但是,由于标准模式器件不向上兼容,所以不能在快速模式 I²C 总线系统中工作。快速模式 I²C 总线规范与标准模式相比有以下额外的特征:

(1) 最大位速率增加到 400 kbit/s;

(2) 调整了串行数据(SDA)和串行时钟(SCL)信号的时序;

(3) 快速模式器件的输入有抑制毛刺的功能,SDA 和 SCL 输入端接有施密特触发器;

(4) 快速模式器件的输出缓冲器对 SDA 和 SCL 信号的下降沿有斜率控制功能;

(5) 如果快速模式器件的电源电压被关断,SDA 和 SCL 的 I/O 管脚必须悬空,不能阻塞总线;

(6) 连接到总线的外部上拉器件必须调整以适应快速模式 I²C 总线更短的最大允许上升时间。对于负载最大是 200 pF 的总线,每条总线的上拉器件可以是一个电阻;对于负载在 200~400 pF 之间的总线,上拉器件可以是一个电流源(最大值 3 mA)或者是一个开关电阻电路。

2. 高速模式

I²C 高速模式下总线规范如下。

(1) Hs 模式主机器件有一个 SDAH 信号的开漏输出缓冲器及一个在 SCLH 输出的开漏极下拉和电流源上拉电路。这个电流源电路缩短了 SCLH 信号的上升时间,任何时候在

Hs 模式下,只有一个主机的电流源有效。

（2）在多主机系统的 Hs 模式下,不执行仲裁和时钟同步,以加速位处理能力。仲裁过程一般在前面用 F/S 模式传输主机码后结束。

（3）Hs 模式主机器件以高电平和低电平是 1∶2 的比率产生一个串行时钟信号解除了建立和保持时间的时序要求。

（4）可以选择 Hs 模式器件有内建的电桥。在 Hs 模式传输中,Hs 模式器件的高速数据（SDAH）和高速串行时钟（SCLH）线通过这个电桥与 F/S 模式器件的 SDA 和 SCL 线分隔开来。减轻了 SDAH 和 SCLH 线的电容负载,使上升和下降时间更快。

（5）Hs 模式从机器件与 F/S 从机器件的唯一差别是它们的工作速度。Hs 模式从机在 SCLH 和 SDAH 输出端接有开漏输出的缓冲器。SCLH 管脚可选的下拉晶体管可以用于拉长 SCLH 信号的低电平,但只允许在 Hs 模式传输的响应位后进行。

（6）Hs 模式器件的输出可以抑制毛刺,而且 SDAH 和 SCLH 输出端接有一个施密特触发器。

（7）Hs 模式器件的输出缓冲器对 SDAH 和 SCLH 信号的下降沿有斜率控制功能。

13.2　S3C2440A 的 I²C 总线接口及寄存器

S3C2440A 提供了一个 I²C 总线接口,其模块框图如图 13-11 所示,具有一个专门的串行数据线和串行时钟线,S3C2440A 为了控制多主机 I²C 总线操作,必须写入值到以下寄存器中:

（1）多主机 I²C 总线控制寄存器 I²CCON;

（2）多主机 I²C 总线控制/状态寄存器 I²CSTAT;

（3）多主机 I²C 总线发送/接收数据移位寄存器 I²CDS;

（4）多主机 I²C 总线地址寄存器接收 I²CADD。

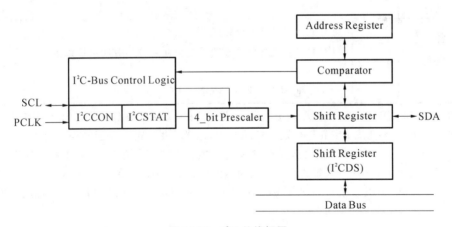

图 13-11　I²C 总线框图

配置 I²C 总线可以通过编程 I²CCON 寄存器中的 4 位预分频器值来控制串行时钟（SCL）的频率。I²C 总线接口地址被储存在 I²C 线地址寄存器（I²CADD）中（默认 I²C 总线接口地址包含一个未知值）。下面介绍 I²C 接口的常用寄存器。

13.2.1　多主机 I²C 总线控制寄存器（I²CCON）

I²CCON（多主机 I²C 总线控制寄存器）为可读/写寄存器,地址为 0x54000000,复位值为 0x0X,其位功能描述和详细说明如表 13-1、表 13-2 所示。

表 13-1 I²CCON 的位功能描述

寄 存 器	地 址	R/W	描 述	复 位 值
I²CCON	0x54000000	R/W	I²C 总线控制寄存器	0x0x

表 13-2 I²CCON 的详细说明

I²CCON	位	描 述	初 始 状 态
应答发性[1]	[7]	I²C 总线应答使能位 0＝禁止　　　　　　1＝允许 Tx＝模式中,I²CSDA 在应答时间为空闲 Rx＝模式中,I²CSDA 在应答时间为低电平	
Tx 时钟源选择	[6]	I²C 总线发送时钟预分频器的时钟源选择位 0:I²CCLK＝CLK/16　　　1:I²CCLK＝fPCLK/512	0
Tx/Rx 中断[5]	[5]	I²C 总线 Tx/Rx 中断使能/禁止位 0＝禁止　　　　　　1＝允许	0
中断挂起标志[2][3]	[4]	I²C 总线 Tx/Rx 中断挂起标志,不能写 1 到此位。当此位读取 1 时,I²CSCL 限制为低电平并且停止 I²C,清除此位为 0 以继续操作 0:① 无中断挂起(读时) 　② 清除挂起条件并且继续操作(写时) 1:① 中断挂起(读时) 　② N/A(写时)	
发送时钟值[4]	[3:0]	I²C 总线发送时钟预分频器 I²C 总线发送时钟预分频器是由此 4 位预分频值按以下公式决定的: Tx 时钟＝I²CCLK(I²CCON[3:0]＋1)	未定义

注释:[1]EEPROM 接口,Rx 模式中为了产生终止条件在读取最后数据之前会禁止产生应答。[2]I²C 总线中断发生在:① 当完成 1 字节发送或接收操作时时;② 当广播呼叫或从地址匹配发生时;③ 如果总线仲裁失败。[3]为了在 SCL 上升沿之前调整 SDA 的建立时间,必须在清除 I²C 中断挂起位前写 I²CDS。[4]I²CCLK 是由 I²CCON[6]所决定的。Tx 时钟可以由 SCL 变化时间改变。当 I²CCON[6]＝0,I²CCON[3:0]＝0x0 或 0x1 为不可用。[5]如果 I²CCON[5]＝0,I²CCON[4]不能正确地工作,基于此,推荐即使不使用 I²C 中断也应设置 I²CCON[5]＝1。

13.2.2　多主机 I²C 总线控制/状态寄存器(I²CSTAT)

I²CSTAT(多主机 I²C 总线控制/状态寄存器)为可读/写寄存器,地址为 0x54000004,复位值为 0x0X,其位功能描述和详细说明如表 13-3、表 13-4 所示。

表 13-3 I²CSTAT 的位功能描述

寄 存 器	地 址	R/W	描 述	复 位 值
I²CSTAT	0x54000004	R/W	I²C 总线控制/状态寄存器	0x0

表 13-4　I²CSTAT 的详细说明

I²CSTAT	位	描　述	初 始 状 态
模式选择	[7:6]	I² 总线主机/从机 Tx/Rx 模式选择位 00:从接收模式　　　　0:从发送模式 10:主接收模式　　　　11:主发送模式	00
忙信号状态/起始停止条件	[5]	I²C 总线忙信号状态位 0:(读)不忙(读时)　　　1:(读)忙(读时) (写)停止信号产生　　　(写)起始信号产生 在起始信号后将自动传输 I²CDS 中的载	0
串行输出	[4]	I²C 总线数据输出使能/禁止位 0:禁止 Rx/Tx　　　　1:使能 Rx/Tx	0
仲裁状态标志	[3]	I²C 总线仲裁过程状态标志位 0:总线仲裁成功　　　　1:串行 I/O 间总线仲裁失败	0
从地址状态标志	[2]	I²C 总线从地址状态标志位 0:发现起始/停止事件清除 1:收到从地址与 I²CADD 中地址值匹配	0
地址零状态标志	[1]	I²C 总线地址零状态标志位 0:发现起始/停止条件清除　1:收到从地址为 00000000b	0
最后收到位状态标志	[0]	I²C 总线最后收到位状态标志位 0:最后收到位为 0(已收到 ACK) 1:最后收到位为 1(未收到 ACK)	0

13.2.3　多主机 I²C 总线地址寄存器(I²CADD)

　　I²CADD(多主机 I²C 总线地址寄存器)为可读/写寄存器,地址为 0x54000008,复位值为 0x0XX,其位功能描述和详细说明如表 13-5、表 13-6 所示。

表 13-5　I²CADD 位功能描述

寄 存 器	地　　　址	R/W	描　述	复 位 值
I²CADD	0x54000008	R/W	I²C 总线地址寄存器	0x0XX

表 13-6　I²CADD 的详细说明

I²CADD	位	描　述	初 始 状 态
从地址	[7:0]	I²C 总线锁存的 7 位从地址 当 I²CSTAT 中串行输出使能＝0 时,I²CADD 为写使能。 可以在任意时间读取 I²CADD 的值,不用去考虑当前输出 使能位(I²CSTAT)的设置从地址:[7:1] 未映射:[0]	XXXXXXXX

13.2.4　多主机 I²C 总线发送/接收数据移位寄存器(I²CDS)

　　I²CDS(多主机 I²C 总线发送/接收数据移位寄存器)为可读/写寄存器,地址为 0x5400000C,复位值为 0x0XX,其功能描述和详细说明如表 13-7、表 13-8 所示。

表 13-7　I²CDS 位功能描述

寄 　 存 　 器	地　　　址	R/W	描　述	复 　 位 　 值
I²CDS	0x5400000C	R/W	I²C 总线发送/接收数据移位寄存器	0x0XX

表 13-8　I^2CDS 的详细说明

I^2CDS	位	描　述	初 始 状 态
数据移位	[7：0]	I^2C 总线 Tx/Rx 操作的 8 位数据移位寄存器。 当 I^2CSTAT 中串行输出使能＝1，I^2CDS 为写使能。可以在任意时间读取 I^2CDS 的值，不用去考虑当前输出使能位（I^2CSTAT）的设置。	XXXXXXXX

13.2.5　多主机 I^2C 总线线路控制寄存器（I^2CLC）

I^2CLC（多主机 I^2C 总线线路控制寄存器）为可读/写寄存器，地址为 0x540000010，复位值为 0x00，其位功能描述和详细说明如表 13-9、表 13-10 所示。

表 13-9　I^2CLC 位功能描述

寄 存 器	地　址	R/W	描　述	复 位 值
I^2CLC	0x5400000C	R/W	I^2C 总线多主机线控制寄存器	0x00

表 13-10　I^2CLC 的详细说明

I^2CLC	位	描　述	初 始 状 态
滤波器使能	[2]	I^2C 总线滤波器使能 当 SDA 端口工作在输入时，应该设置此位为高。这个滤波器可以防止两个 PCLK 时间期间由于干扰而发生错误。 0：禁止滤波器　　　　1：使能滤波器	0
SDA 输出延时	[1：10]	I^2C 总线 SDA 线延时长度选择位。 SDA 线按以下时钟时间（PCLK）延时 00：0 个时钟　01：5 个时钟　10：10 个时钟　11：15 个时钟	00

13.3　S3C2440A 的 I^2C 接口应用实例

S3C2440A 的 I^2C 总线接口有 4 种工作模式，在本实例中我们只把 S3C2440A 当作 I^2C 总线的主设备来使用，因此只使用前两种操作模式，即主机发送和主机接收模式。

在主机发送模式下，工作流程如图 13-12 所示：首先配置 I^2C 模式，然后把从设备地址写入发送/接收数据移位寄存器 I^2CDS 中，再把 0xF0 写入控制/状态寄存器 I^2CSTAT 中，这时等待从设备发送应答信号，如果想要继续发送数据，那么在接收到应答信号后，再把待发送的数据写入发送/接收寄存器 I^2CDS 中，清除中断标志后，再次等待应答信号；如果不想再发送数据了，那么把 0xD0 写入控制/状态寄存器 I^2CSTAT 中，清除中断标志并等待停止条件后，即完成了一次主设备的发送。

在主机接收模式下，其工作流程如图 13-13 所示：首先配置 I^2C 模式，然后把从设备地址写入发送/接收数据移位寄存器 I^2CDS 中，再把 0xB0 写入控制/状态寄存器 I^2CSTAT 中，这时等待从设备发送应答信号，如果想要接收数据，那么在应答信号后，读取寄存器 I^2CDS，清除中断标志；如果不想接收数据了，那么就向寄存器 I^2CSTAT 写入 0x90，清除中断标志并等待停止条件后，即完成了一次主机的接收。

在完成上述两个模式时，主要用到了控制寄存器 I^2CCON、控制/状态寄存器 I^2CSTAT 和发送/接收数据移位寄存器 I^2CDS。由于我们只把 S3C2440A 当作主设备来用，并且系统的 I^2C 总线上只有这一个主设备，因此用来设置从设备地址的地址寄存器 I^2CADD 和用于仲裁总线的线路控制寄存器 I^2CLC 都无须配置。寄存器 I^2CCON 的第 6 位和低 4 位用于设置 I²C 的时钟频率,因为 I²C 的时钟线 SCL 都是由主设备提供的。S3C2440A 的 I²C 时钟源为 PCLK,当系统的 PCLK 为 50 MHz,而从设备最高需要 100 kHz 时,可以将 I²CCON 的第 6 位置 1,I²CCON 的低 4 位全置为 0 即可。寄存器 I²CCON 的第 7 位用于设置是否发出应答信号,第 5 位用于是否使能发送和接收中断,第 4 位用于中断的标志,当接收或发送数据后一定要对该位进行清零,以清除中断标志。寄存器 I²CSTAT 的高 2 位用于设置是哪种操作模式,当向第 5 位写 0 或写 1 时,则表示结束 I²C 或开始 I²C 通信,第 4 位用于是否使能接收/发送数据。

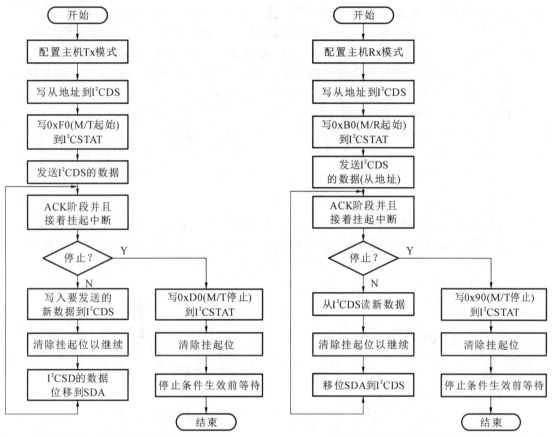

图 13-12 主机发送模式工作流程图　　　图 13-13 主机接收模式工作流程图

为了实现主机和从机的正常通信,不但要了解主机的操作模式,还要清楚从机的运行机制,在这里,从设备选用 EEPROM——AT24C02A,要想让 S3C2440A 能够正确地对 AT24C02A 读写,就必须让 S3C2440A 的时序完全按照 AT24C02A 的时序来编写。

AT24C02A 的写操作有两种模式:字节写和页写。字节写是先接收带有写命令的设备地址信息,如果符合就应答,再接收设备内存地址信息,发出应答后,再接收要写入的数据,这样就完成了字节写过程。页写与字节写的区别就是,页写可以一次写多个数据,而字节写只能一次写一个数据。但由于 AT24C02A 的一页才 8 个字节,所以页写也最多写 8 个数据,而且只能在该页内写,不会发生一次页写同时写两页的情况。

AT24C02A 的读操作有三种模式:当前地址读、随机读和序列读。当前地址读是只能读取当前地址内的数据,它的时序是先接收带有读命令的设备地址信息,如果符合就应答,然后发送当前地址内的数据,在没有接收从主设备发来的应答信号的情况下终止该次操作。随机读的时序是,连续接收带有写命令的设备地址信息和设备内存地址信息,然后主设备重新开启 I²C 通信,AT24C02A 再次接收到带有读命令的设备地址信息,在发出应答信号以后,发送该内存地址的数据,在没有接收到任何应答信号的情况下结束该次通信。当前地址读和随机读一次都只能读取一个数据,而序列读一次可以读取若干个数据,它的时序就是在当前地址读或随机读发出数据后,接收到了应答信号,那么 AT24C02A 会把下一个内存地址中的数据送出,除非 AT24C02A 接收不到任何应答信号,否则它会一直把下一个内存地址中的数据送出。序列读没有一页 8 个字节的限制。

下面的程序,我们用 UART 来实现 PC 机对 AT24C02A 的读写。UART 的通信协议是:PC 机先发送命令字节(0xC0 表示要向 AT24C02A 写数据,0xC1 表示要读取 AT24C02A 的数据),在命令字节后,紧跟着的是设备内存地址和写入或读取的字节数。如果是要写 EEPROM 数据,则在这三个字节后是要写入的数据内容。在 UART 通信完毕后,S3C2440A 会根据命令的不同,写入或读取 AT24C02A,如果是读取 EEPROM,则 S3C2440A 还会利用 UART 把读取到的数据上传到 PC 机。并且在 AT24C02A 操作过程中,我们使用的是页写和序列读的模式,这样可以最大限度地完成一次读或写操作,而且我们所编写的页写和序列读子程度也同样可以实现字节写和随机读的模式。

```
unsigned char iic_buffer[8];        //I²C 数据通信缓存数组
unsigned char address,length;       //EEPROM 内存地址和数据通信的长度
unsigned char flag;                 //应答标志
unsigned char comm;                 //命令
unsigned char devAddr= 0xa0;        //从设备 AT24C02A 的地址
```

(1) I²C 写操作通过函数 wr24c02a 完成,对 AT24C02A 采用页写方式,当 sizeofdate 为 1 时,是字节写,输入参数依次为设备内存地址、I²C 数据缓存数组和要写入的数据个数。

```
void wr24c02a(unsigned char wordAddr,unsigned char * buffer,int sizeofdate )
{
        int i;
        flag = 1;                   //应答标志
        rIICDS =  devAddr;
        rIICCON &=  ~ 0x10;         //清除中断标志
        rIICSTAT = 0xf0;            //主设备发送模式
        while(flag = = 1)           //等待从设备应答
                delay(100);         //一旦进入 I²C 中断,即可跳出该死循环

        flag =  1;
        rIICDS =  wordAddr;         //写入从设备内存地址
        rIICCON &=  ~ 0x10;
        while(flag)
                delay(100);

//连续写入数据
        for(i= 0;i< sizeofdate;i+ + )
        {
                flag =  1;
                rIICDS =  * (buffer+ i);
                rIICCON &=  ~ 0x10;
                while(flag)
                        delay(100);
        }
```

```
        rIICSTAT =  0xd0;              //发出 stop 命令,结束该次通信
        rIICCON =  0xe0;               //为下次 I²C 通信做准备

        delay(100);                    //等待
    }
```

（2）I²C 读操作,通过函数 rd24c02a 完成,对 AT24C02A 采用序列读方式,当 sizeofdate 为 1 时,是随机读,输入参数依次为设备内存地址、I²C 数据缓存数组和要读取的数据个数。

```
    void rd24c02a(unsigned char wordAddr,unsigned char * buffer,int sizeofdate )
    {
        int i;
        unsigned char temp;
        flag = 1;
        rIICDS = devAddr;
        rIICCON &=  ~ 0x10;                    //清除中断标志
        rIICSTAT =  0xf0;                      //主设备发送模式
        while(flag)
                delay(100);

        flag =  1;
        rIICDS =  wordAddr;
        rIICCON &=  ~ 0x10;
        while(flag)
                delay(100);

        flag =  1;
        rIICDS =   devAddr;
        rIICCON &=  ~ 0x10;
        rIICSTAT =  0xb0;                      //主设备接收模式
        while (flag)
                delay(100);

        flag =  1;
        temp =  rIICDS;                        //读取从设备地址
        rIICCON &=  ~ 0x10;
        while(flag)
                delay(100);
    //连续读
        for(i= 0;i< sizeofdate;i+ + )
        {
                flag =  1;
                if(i= = sizeofdate-1)          //如果是最后一个数据
                        rIICCON &=  ~ 0x80;            不再响应
                * (buffer+ i) = rIICDS;
                rIICCON &=  ~ 0x10;
                while(flag)
                        delay(100);
        }
```

```
            rIICSTAT =  0x90;                        //结束该次通信
            rIICCON =  0xe0;


            delay(100);
    }
```

（3）I^{2}C 通信中断，通过函数 void __irq IicISR(void)完成。

```
    void __irq IicISR(void)
    {
            rSRCPND |=  0x1< < 27;
            rINTPND |=  0x1< < 27;
            flag =  0;                              //清除标志

    }
```

（4）UART 通信中断，通过函数 void __irq uartISR(void)完成。

```
    void __irq uartISR(void)
    {
            char ch;
            static char command;
            static char count;
            rSUBSRCPND |=  0x1;
            rSRCPND |=  0x1< < 28;
            rINTPND |=  0x1< < 28;


            ch =  rURXH0;                      //接收字节数据
            if(command= = 0)                   //判断命令
            {
                    switch(ch)
                    {
                    case 0xc0:                  //写 EEPROM
                            command =  0xc0;
                            count= 0;
                            comm =  0;
                    break;
                    case 0xc1:                  //读 EEPROM
                            command =  0xc1;
                            count= 0;
                            comm =  0;
                    break;
                    default:
                            command =  0;
                            count = 0;
                            rUTXH0= ch;
                    break;
                    }
            }
            else
```

```
    {
            if(command = =  0xc0)                    //写命令
            {
                    count+ + ;
                    if (count = =  1)
                    {
                            address =  ch;              //接收设备内存地址信息
                    }
                    else if(count = =  2)
                    {
                            length =  ch;              //接收写入数据个数信息
                    }
                    else                               //接收具体要写入 EEPROM 的数据
                    {
                            iic_buffer[count-3] =  ch;
                            if(count= = length+ 2)  //接收完本次所有数据
                            {
                                    rUTXH0= 0xc0;
                                    count= 0;
                                    command= 0;
                                    comm= 1;             //标志写命令,用于主程序
                            }
                    }
            }
            else if(command = =  0xc1)               //读命令
            {
                    count+ + ;
                    if(count= = 1)
                    {
                            address =  ch;             //接收设备内存地址信息
                    }
                    else
                    {
                            length =  ch;              //接收读取数据个数信息
                            rUTXH0= 0xc1;
                            count= 0;
                            command= 0;
                            comm =  2;                   //标志读命令,用于主程序
                    }
            }
    }
}
```

（5）主程序。

```
void Main(void)
{
        ......          ......
//初始化 IIC
rIICCON = 0xe0;                          //设置 I²C 时钟频率,使能应答信号,并开启中断
rIICSTAT = 0x10;

pISR_UART0 = (U32)uartISR;
    pISR_IIC = (U32)IicISR;
    flag= 1;
    comm= 0;
    while(1)
    {
            switch(comm)                 //判断命令
            {
                case 1:                      //写 EEPROM 命令
                        wr24c02a(address,iic_buffer,length);
                        comm= 0;
                        flag= 1;
                        address= 0;
                        length= 0;
                break;
                case 2:                          //读 EEPROM 命令
                        rd24c02a(address,iic_buffer,length);
                        comm= 0;
                        flag= 1;
                        address= 0;
                        for(i= 0;i< length;i+ + )          //向 PC 机发送数据
                        {
                                delay(500);
                                rUTXH0 = iic_buffer[i];
                        }
                        length= 0;
                break;
            }
    }
}
```

思考与练习

1.简述 I²C 总线的工作原理与结构。

2.描述 I²C 总线的数据传输过程,什么是总线竞争和仲裁?

3.S3C2440A 的 I²C 接口寄存器有哪些?举例说明其接口应用。

第❶④章 存储器接口

存储器是计算机系统的一个重要组成部分,通常可以分为非易失存储器和易失存储器。本章将介绍在嵌入式平台上常用的 flash 存储器(非易失),以及相关典型器件的操作。本章的主要内容:

● Flash ROM 介绍。
● NOR Flash 器件的主要操作。
● NAND Flash 器件的主要操作。

14.1 存储器基本知识概述

14.1.1 计算机存储器系统的层次结构

计算机系统的存储器被组织成一个 6 个层次的金字塔形的层次结构,如图 14-1 所示,位于整个层次结构的最顶部 S0 层为 CPU 内部寄存器,S1 层为芯片内部的高速(cache)内存
S2 层为芯片外的高速缓存(SRAM、DRAM、DDRAM);
S3 层为主存储器(Flash、PROM、EPROM、EEPROM);
S4 层为外部存储器(磁盘、光盘、CF、SD 卡);
S5 层为远程二级存储(分布式文件系统、Web 服务器)。

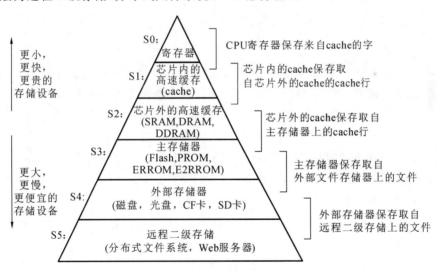

图 14-1 计算机存储器层次结构

在该层次结构中,每一级的上层存储器都作为下层的高速缓存,CPU 寄存器就是 cache 的高速缓存,寄存器保存来自 cache 的字;cache 又是内存层的高速缓存,从内存中提取数据送给 CPU 进行处理,并将 CPU 的处理结果返回到内存中;内存又是主存储器的高速缓存,它将经常用到的数据从 Flash 等主存储器中提取出来,放到内存中,从而加快了 CPU 的运行效率。嵌入式系统的主存储器容量是有限的,磁盘、光盘或 CF、SD 卡等外部存储器用来保存大信息量的数据。在某些带有分布式文件系统的嵌入式网络系统中,外部存储器就作为其他系统中被存储数据的高速缓存。

14.1.2 高速缓冲存储器

在主存储器和CPU之间采用高速缓冲存储器(cache)被广泛用来提高提高存储器系统的性能,许多微处理器体系结构都把它作为其定义的一部分。cache能够减少内存平均访问时间。

Cache可以分为统一cache和独立的数据/程序cache。在一个存储系统中,指令预取时和数据读写时使用同一个cache,这时称系统使用统一的cache。如果在一个存储系统中,指令预取时使用的一个cache,数据读写时使用的另一个cache,各自是独立的,这时称系统使用了独立的cache,用于指令预取的cache称为指令cache,用于数据读写的cache称为数据cache。

当CPU更新了cache的内容时,要将结果写回到主存中,可以采用写通法(write-through)和写回法(write-back)。写通法是指CPU在执行写操作时,必须把数据同时写入cache和主存。采用写通法进行数据更新的cache称为写通cache。写回法是指CPU在执行写操作时,被写的数据只写入cache不写入主存。仅当需要替换时,才把已经修改的cache块写回到主存中。采用写回法进行数据更新的cache称为写回cache。

当进行数据写操作时,可以将cache分为读操作分配cache和写操作分配cache两类。对于读操作分配cache,当进行数据写操作时,如果cache未命中,只是简单地将数据写入主存中。主要在数据读取时,才进行cache内容预取。对于写操作分配cache,当进行数据写操作时,如果cache未命中,cache系统将会进行cache内容预取,从主存中将相应的块读取到cache中相应的位置,并执行写操作,把数据写入到cache中。对于写通类型的cache,数据将会同时被写入到主存中,对于写回类型的cache数据将在合适的时候写回到主存中。

14.1.3 常见的嵌入式系统存储设备

1. RAM(随机存储器)

RAM可以被读和写,地址可以以任意次序被读。常见RAM的种类有SRAM(static RAM,静态随机存储器)、DRAM(dynamic RAM,动态随机存储器)、DDRAM(double data Rate SDRAM,双倍速率随机存储器)。其中,SRAM比DRAM运行速度快,SRAM比DRAM耗电多,DRAM需要周期性刷新。而DDRAM是RAM的下一代产品。在133 MHz时钟频率,DDRAM内存带宽可以达到$133×64b/8×2=2.1$ GB/s,在200 MHz时钟频率,其带宽可达到$200×64b/8×2=3.2$ GB/s的海量。

2. ROM(只读存储器)

ROM在烧入数据后,无须外加电源来保存数据,断电后数据不丢失,但速度较慢,适合存储需长期保留的不变数据。在嵌入式系统中,ROM用固定数据和程序。

常见ROM有Mask ROM(掩模ROM)、PROM(programmable ROM,可编程ROM)、EPROM(erasable programmable ROM,可擦写ROM)、EEPROM(电可擦除可编程ROM,也可表示为E2PROM)、Flash ROM(闪速存储器)、Mask ROM一次性由厂家写入数据的ROM,用户无法修改。PROM出厂时厂家并没有写入数据,而是保留里面的内容为全0或全1,由用户来编程一次性写入数据。EPROM可以通过紫外光的照射,擦掉原先的程序,芯片可重复擦除和写入。E2PROM是通过加电擦除原编程数据,通过高压脉冲可以写入数据,写入时间较长。Flash ROM断电不会丢失数据(NVRAM),可快速读取,电可擦写可编程。

3. Flash Memory

Flash memory(闪速存储器)是嵌入式系统中重要的组成部分,用来存储程序和数据,掉电后数据不会丢失。但在使用 Flash Memory 时,必须根据其自身特性,对存储系统进行特殊设计,以保证系统的性能达到最优。Flash Memory 是一种非易失性存储器 NVM(non-volatile memory),根据结构的不同可以将其分成 NOR Flash 和 NAND Flash 两种。

Flash Memory 在物理结构上分成若干个区块,区块之间相互独立。NOR Flash 把整个存储区分成若干个扇区(sector),而 NAND Flash 把整个存储区分成若干个块(block),可以对以块或扇区为单位的内存单元进行擦写和再编程。下面详细介绍 Flash ROM 的相关知识。

14.2 Flash ROM

Flash 器件是近年来发展很快的新型半导体存储器。它的主要特点是在不加电的情况下能长期保持存储的信息。就其本质而言,Flash Memory 属于 EEPROM(电擦除可编程只读存储器)类型。它既有 ROM 的特点,又有很高的存取速度,而且易于擦除和重写,功耗很小。

Flash 是在 EEPROM 的基础上发展而来的,它通过向多晶硅浮栅极充电至不同的电平来对应不同的阈电压而代表不同的数据。Flash 存储单元有 2 种基本类型结构:单级单元 SLC(single-level cell)和多级单元 MLC(multi-level cell)。传统的 SLC 存储单元只有 2 个阈电压(0/1),只能存储 1 位信息。MLC 的每个存储单元中有 4 个阈电压(00/01/10/11),可以存储 2 位信息;MLC 技术能够得较大的存储容量

由于 Flash Memory 的独特优点,如在一些较新的主板上采用 Flash ROM BIOS,会使得 BIOS 升级非常方便。Flash Memory 可用作固态大容量存储器。目前普遍使用的大容量存储器仍为硬盘。硬盘虽有容量大和价格低的优点,但它是机电设备,有机械磨损,可靠性及耐用性相对较差,抗冲击、抗振动能力弱,功耗大。因此,一直希望找到取代硬盘的手段。由于 Flash Memory 集成度不断提高,价格降低,使其在便携机上取代小容量硬盘已成为可能。在一些 Flash 驱动卡中,除 Flash 芯片外还有由微处理器和其他逻辑电路组成的控制电路。它们与 IDE 标准兼容,可在 DOS 下像硬盘一样直接操作。因此也常把它们称为 Flash 固态盘。Flash Memory 不足之处仍然是容量还不够大,价格还不够便宜。因此主要用于要求可靠性高,重量轻,但容量不大的便携式系统中。

本书主要讨论 Flash 存储芯片在嵌入式系统中的应用。由于 Flash 器件的成本体积小、抗震性能好等特点,使其非常适合作为非易失存储器应用于嵌入式系统中。

根据存储单元的组合形式差异,Flash 主要有两种类型:"或非 NOR"和"与非 NAND"。NOR 和 NAND 是现在市场上两种主要的非易失闪存技术。Intel 于 1988 年首先开发出 NOR Flash 技术,彻底改变了原先由 EPROM 和 EEPROM 一统天下的局面。紧接着,1989 年,东芝公司发表了 NAND Flash 结构,强调降低每比特的成本,更高的性能,并且像磁盘一样可以通过接口轻松升级。下面分析二者的特性及对比它们的差别。

1. 接口对比

NOR Flash 带有通用的 SRAM 接口,可以轻松地挂接在 CPU 的地址、数据总线上,对 CPU 的接口要求低。NOR Flash 的特点是芯片内执行(XIP),这样应用程序可以直接在 Flash 闪存内运行,不必再把代码读到系统 RAM 中。

NAND Flash 器件使用复杂的 I/O 口来串行地存取数据,8 个引脚用来传送控制、地址和数据信息。由于时序较为复杂,所以越来越多的 ARM 处理器都集成 NAND 控制器。另外由于 NAND Flash 没有挂接在地址总线上,所以如果想用 NAND Flash 作为系统的启动

盘,就需要 CPU 具备特殊的功能,如 s3c2410 在被选择为 NAND Flash 启动方式时会在上电时自动读取 NAND Flash 的 4k 数据到地址 0 的 SRAM 中。如果 CPU 不具备这种特殊功能,用户不能直接运行 NAND Flash 上的代码,可以采取其他方式,比如很多使用 NAND Flash 的嵌入式平台除了使用 NAND Flash 以外,还用上了一块小的 NOR Flash 来运行启动代码。

2. 容量和成本对比

相比起 NandFlash 来说,NorFlash 的容量要小,一般在 1～16 MByte,一些新工艺采用了芯片叠加技术可以把 NorFlash 的容量做得大一些。在价格方面,NorFlash 相比 NandFlash 来说较高,如目前市场上一片 4Mbyte 的 AM29lv320 NorFlash 零售价在 20 元左右,而一片 128MByte 的 k9f1g08 NandFlash 零售价在 30 元左右。

NAND flash 的单元尺寸几乎是 NOR 器件的一半,由于生产过程更简单,NAND 结构可以在给定的模具尺寸内提供更高的容量,也就相应地降低了价格,大概只有 NOR 的十分之一。

3. 可靠性性对比

NAND 器件中的坏块是随机分布的,以前也曾有过消除坏块的努力,但发现成品率太低,代价太高,根本不划算。NAND 器件需要对介质进行初始化扫描以发现坏块,并将坏块标记为不可用。在已制成的器件中,如果通过可靠的方法不能进行这项处理,将导致高故障率。而坏块问题在 NorFlash 上是不存在的。

在 Flash 的位翻转(一个 bit 位发生翻转)现象上,NAND 的出现概率要比 NorFlash 大得多。这个问题在 Flash 存储关键文件时是致命的,所以在使用 NandFlash 时建议同时使用 EDC/ECC 等校验算法。

4. 寿命对比

在 NAND 闪存中每个块的最大擦写次数是一百万次,而 NOR 的擦写次数是十万次。闪存的使用寿命同时和文件系统的机制也有关,要求文件系统具有损耗平衡功能。

5. 升级对比

NorFlash 的升级较为麻烦,因为不同容量的 NorFlash 的地址线需求不一样,所以在更换不同容量的 NorFlash 芯片时不方便。通常我们会通过在电路板的地址线上做一些跳接电阻来解决这样的问题,针对不同容量的 NorFlash。而不同容量的 NandFlash 的接口是固定的,所以升级简单。

6. 读写性能对比

写操作:任何 flash 器件的写入操作都只能在空或已擦除的单元内进行。NAND 器件执行擦除操作是十分简单的,而 NOR 则要求在进行擦除前先要将目标块内所有的位都写为 1。擦除 NOR 器件时是以 64～128 KB 的块进行的,执行一个擦除/写入操作的时间约为 5 s。擦除 NAND 器件是以 8～32 KB 的块进行的,执行一个擦除/写入操作最多只需要 4 ms。读操作:NOR 的读速度比 NAND 稍快一些。

7. 文件系统比较

Linux 系统中采用 MTD 来管理不同类型的 Flash 芯片,包括 NandFlash 和 NorFlash。支持在 Flash 上运行的常用文件系统有 cramfs、jffs、jffs2、yaffs、yaffs2 等。cramfs 文件系统是只读文件系统。如果想在 Flash 上实现读写操作,通常在 NorFlash 上我们会选取 jffs 及 jffs2 文件系统,在 NandFlash 上选用 yaffs 或 yaffs2 文件系统。Yaffs2 文件系统支持大页

（大于 512 字节/页）的 NandFlash 存储器。

8. 易用性比较

NOR Flash 可以非常直接地使用基于 NOR 的闪存，可以像其他存储器那样连接，并可以在上面直接运行代码。由于需要 I/O 接口，NAND 要复杂得多。各种 NAND 器件的存取方法因厂家而异。在使用 NAND 器件时，必须先写入驱动程序，才能继续执行其他操作。向 NAND 器件写入信息需要相当的技巧，因为设计师绝不能向坏块写入，这就意味着在 NAND 器件上自始至终都必须进行虚拟映射。

9. 软件支持

当讨论软件支持的时候，应该区别基本的读/写/擦操作和高一级的用于磁盘仿真和闪存管理算法的软件，包括性能优化。在 NOR 器件上运行代码不需要任何的软件支持，在 NAND 器件上进行同样操作时，通常需要驱动程序，也就是内存技术驱动程序（MTD），NAND 和 NOR 器件在进行写入和擦除操作时都需要 MTD。使用 NOR 器件时所需要的 MTD 要相对少一些，许多厂商都提供用于 NOR 器件的更高级软件，这其中包括 M-System 的 TrueFFS 驱动，该驱动被 Wind River System、Microsoft、QNX Software System、Symbian 和 Intel 等厂商所采用。驱动还用于对 DiskOnChip 产品进行仿真和 NAND 闪存的管理，包括纠错、坏块处理和损耗平衡。

在掌上电脑里要使用 NAND FLASH 存储数据和程序，但是必须有 NOR FLASH 来启动。除了 SAMSUNG 处理器，其他用在掌上电脑的主流处理器还不支持直接由 NAND FLASH 启动程序。因此，必须先用一片小的 NOR FLASH 启动机器，在把 OS 等软件从 NAND FLASH 载入 SDRAM 中运行才行。

10. 主要供应商

NOR FLASH 的主要供应商是 INTEL ，MICRO 等厂商，曾经是 FLASH 的主流产品，但现在被 NANDFLASH 挤得比较难受。它的优点是可以直接从 FLASH 中运行程序，但是工艺复杂，价格比较贵。

NAND FLASH 的主要供应商是 SAMSUNG 和东芝，在 U 盘、各种存储卡、MP3 播放器里面的都是这种 FLASH，由于工艺上的不同，它比 NORFLASH 拥有更大存储容量，而且便宜。但也有缺点，就是无法寻址直接运行程序，只能存储数据。另外 NAND FLASH 非常容易出现坏区，所以需要有校验的算法。

 14.3 S3C2440A 的存储控制器

14.3.1 S3C2440A 存储空间 BANK 的概念

Flash 要通过系统总线接在处理器上，即保持一个高速的数据交换的通道。那么就必须了解一下处理器的存储相关内容包括 Flash 在系统总线上的基本操作。

S3C2440A 存储器控制器为访问外部存储的需要器提供了存储器控制信号。S3C2440A 的存储单元包含以下特性。

（1）大/小端模式可以通过软件选择。

（2）地址空间：每个 Bank 有 128M 字节（总共 1G/8 个 Bank），除了 BANK0（16/32 位）之外，其他全部 BANK 都可编程访问宽度（8/16/32 位），总共 8 个存储器 Bank，6 个存储器 Bank 为 ROM，SRAM 等，其余 2 个存储器 Bank 为 ROM，SRAM，SDRAM 等，7 个固定的

存储器 Bank 起始地址,1 个可变的存储器 Bank 起始地址,并且 Bank 大小可编程。

(3) 所有存储器 Bank 的访问周期可编程,总线宽度可编程。

(4) 外部等待扩展总线周期。

(5) 支持 SDRAM 自刷新和掉电模式。

S3C2440A 存储器理论上可以寻址的空间为 4GB,但其中有 3GB 的空间都预留给处理器内部的寄存器和其他设备了,留给外部可寻址的空间只有 1GB,也就是 0X00000000～0X3fffffff,总共应该有 30 根地址线。这 1GB 的空间,2440 处理器又根据所支持的设备的特点将它分为了 8 份,每份空间有 128MB,这每一份的空间又称为一个 BANK。为方便操作,2440 处理器独立地给了每个 BANK 一个片选信号(nGCS7～nGCS0)。其实这 8 个片选信号可以看作是 2440 处理器内部 30 根地址线的最高三位所做的地址译码的结果。正因为这 3 根地址线所代表的地址信息已经由 8 个片选信号来传递了,因此 2440 处理器最后输出的实际地址线就只有 A26～A0。S3C2440A 的存储器映射如图 14-2 所示,其中的 SROM 代表 ROM 或 SRAM 类型的存储器,Bank6 和 Bank7 两个存储器 Bank 的起始和结束地址见表 14-1。

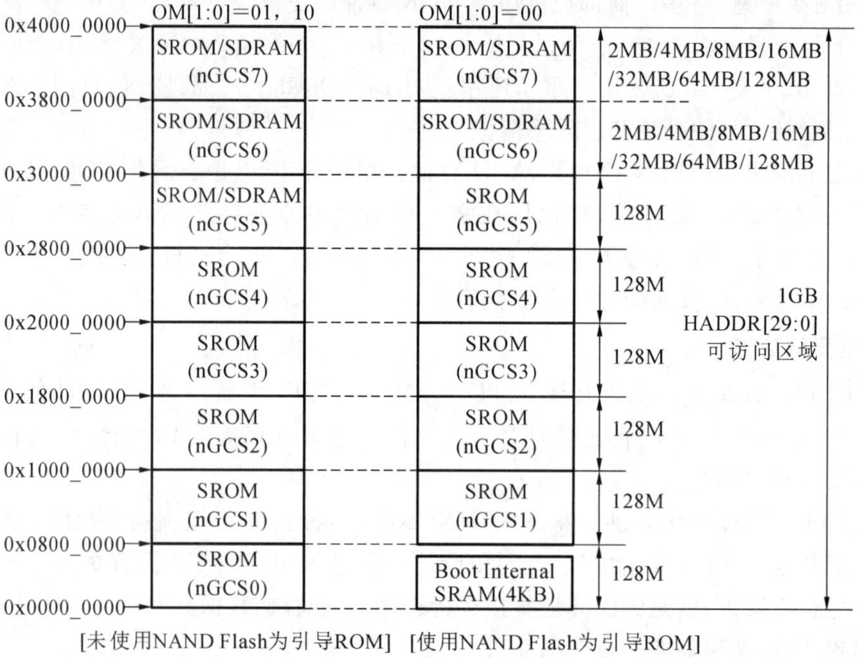

图 14-2　复位后 S3C2440A 的存储器映射

表 14-1　BANK 6/7 地址

地　址	2MB	4MB	8MB	16MB	32MB	64MB	128MB
Bank 6							
开始地址	0x3000_0000	0x3000_0000	0x3000_0000	0x3000_0000	0x3000_0000	0x3000_0000	0x3000_0000
结束地址	0X301F_FFFF	0X303F_FFFF	0X307F_FFFF	0X30FF_FFFF	0X31FF_FFFF	0X33FF_FFFF	0X37FF_FFFF
Bank 7							
开始地址	0x3020_0000	0x3040_0000	0x3080_0000	0x3100_0000	0x3200_0000	0x3400_0000	0x3800_0000
结束地址	0X303F_FFFF	0X307F_FFFF	0X30FF_FFFF	0X31FF_FFFF	0X33FF_FFFF	0X37FF_FFFF	0X3FFF_FFFF

BANK0(nGCS0)的数据总线应当配置为 16 位或 32 位的宽度,如表 14-2 所示。因为 BANK0 是作为引导 ROM 的 bank(映射到 0x0000_0000),应当在第一个 ROM 访问前决定 BANK0 的总线宽度,其依赖于复位时 OM[1:0]的逻辑电平。

表 14-2　BANK0 的总线宽度与 OM 关系

OM1(操作模式 1)	OM0(操作模式 0)	引导 ROM 数据宽度
0	0	Nand Flash 模式
0	1	16 位
1	0	32 位
1	1	测试模式

以下是 SDRAM BANK 地址引脚连接的情况,由表 14-3 可知,BANK 的大小不同,其总线宽度、存储结构、地址线都不同。

表 14-3　SDRAM BANK 地址引脚连接说明

Bank 大小	总线宽度	基本组成部分	存储器结构	Bank 地址
2M 字节	×8	16MB 比特	(1M×8×2Bank)×1	A[20]
	×16		(512k×16×2B)×1	
4M 字节	×16	32M 比特	(1M×8×2B)×2	A[21]
	×16		(1M×8×2B)×2	
8M 字节	×16	16M 比特	(2M×4×2B)×8	A[22]
	×32		(8M×4×2B)×2	A[22:21]
	×8	64M 比特	(4M×4×4B)×2	A[22]
	×8		(4M×8×2B)×2	A[22:21]
	×16		(2M×8×4B)×2	
	×16		(2M×16×2B)×2	
	×32		(1M×16×4B)×2	
16M 字节	×32	16M 比特	(2M×4×2B)×8	A[23]
	×8	64M 比特	(8M×4×2B)×2	
	×8		(4M×4×4B)×2	A[23:22]
	×16		(4M×8×2B)×2	A[23]
	×16		(2M×8×4B)×2	A[23:22]
	×32		(2M×16×2B)×2	A[23]
	×32		(1M×16×4B)×2	
	×8	128M 比特	(4M×8×4B)×1	A[23:22]
	×16		(2M×16×4B)×1	
32M 字节	×16	64M 比特	(8M×4×2B)×4	A[24]
	×16		(4M×4×4B)×4	A[24:23]
	×32		(4M×8×2B)×4	A[24]
	×32		(2M×8×4B)×4	A[24:23]
	×16	128M 比特	(4M×8×4B)×2	
	×32		(2M×16×4B)×2	
	×8	256 比特	(8M×8×4B)×1	
	×16		(4M×16×4B)×1	

Bank 大小	总线宽度	基本组成部分	存储器结构	Bank 地址
64M 字节	×32	128M 比特	(4M×8×4B)×4	A[25∶24]
	×16	256M 比特	(8M×8×4B)×2	
	×32		(4M×16×4B)×2	
	×8	512M 比特	(16M×8×4B)×1	
128M 字节	×32	256M 比特	(8M×8×4B)×4	A[26∶25]
	×16	512M 比特	(32M×4×4B)×2	
	×8		(16M×8×4B)×2	
	×32		(8M×16×4B)×2	

14.3.2 带 nWAIT 信号的总线读操作

以图 14-3(带 nWAIT 信号)为例,我们通过描述处理器 S3C2440A 总线的读操作过程,来说明 Flash 整体读、写的流程。第一个时钟周期开始,系统地址总线给出需要访问的存储空间地址,经过 Tacs 时间后,片选信号也相应给出(锁存当前地址线上地址信息),再经过 Tcso 时间后,处理器给出当前操作是读(nOE 为低)还是写(new 为低),并在 Tacc 时间内将数据准备好放在总线上,Tacc 时间后(并查看 nWAIT 信号,为低则延长本次总线操作),nOE 拉高,锁存数据线数据。这样一个总线操作就基本完成。

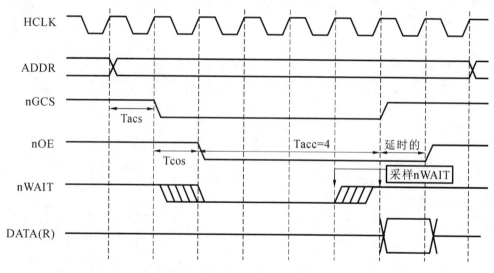

图 14-3　S3C2440A 外部 nWAIT 时序

如果使能了每个存储器 bank 对应的 WAIT 位(BWSCON 中的 WSn 位),存储器 bank 有效时 nOE 持续时间应当被外部 nWAIT 引脚延长。从 tacc-1 开始检测 nWAIT。nOE 将在采样 nWAIT 为高后的下个时钟被取消。nWE 信号端与 nOE 有相同的关系。

14.4　NOR Flash 操作

14.4.1 ARM29LV160D 芯片介绍

下面以 AM29LV160D 芯片为例,说明 NOR Flash 的操作方式。Am29LV160D 是 AMD 公司的一款 NOR Flash 存储器,存储容量为 2M×8Bit/1M×16Bit,接口与 CMOS I/O 兼容,工作

电压为 2.7～3.6 V,读操作电流为 9mA,编程和擦除操作电流为 20 mA,待机电流为 200 nA。采用 FBGA-48、TSOP-48、SO-44 三种封装形式。其 48-PIN 的 TSOP 封装图如图 14-4 所示。

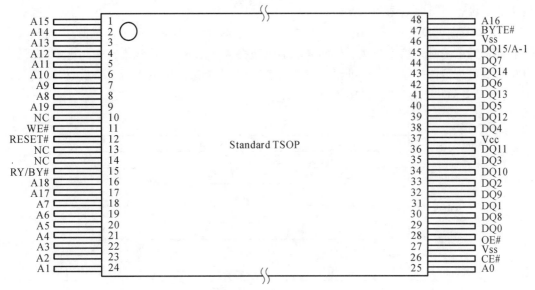

图 14-4　ARM29LV160D 标准 TSOP 封装图

AM29LV160D 仅需 3.3 V 电压即可完成在系统的编程与擦除操作,具有高性能及非常灵活的编程能力,可以选择 Byte 模式及 Word 模式。通过对其内部的命令寄存器写入标准的命令序列,可对 Flash 进行编程(烧写)、整片擦除、按扇区擦除,具有片保护功能,器件通过触发位或数据查询位来指示编程操作的完成。为防止意外写的发生,器件还提供了硬件和软件数据保护机制。器件以 16 位(字模式)数据宽度的方式工作。其逻辑框图如图 14-5 所示,引脚功能描述如表 14-4 所示。

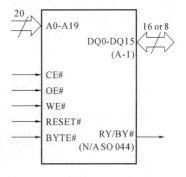

图 14-5　AM29LV160D 逻辑框图

表 14-4　AM29LV160D 引脚功能描述

引　脚	类　型	功　能
A19～A0	输入	地址输入。提供存储器地址
DQ14～DQ0	输入/输出	数据输入/输出
DQ15/A-1	输入/输出	在字模式,DQ15 为数据输入/输出;在字节模式,A-1 为 LSB 地址输入
BYTE#	输入	选择 8 bit 或者 16 bit 模式
CE#	输入	片选。当 CE# 为低电平时,芯片有效
OE#	输入	输出使能。当 OE# 为低电平时,输出有效
WE#	输入	写使能,低电平有效,控制写操作
RESET#	输入	硬件复位引脚端,低电平有效
RY/BY#	输出	就绪/忙标志信号输出,SO-44 封装无此引脚端
VCC	电源	3 V 电源电压输入
VSS	地	器件地
NC		未连接。空脚

AM29LV160D 的存储器操作由命令来启动,命令通过标准微处理器写时序写入器件,将 WE♯ 及 CE♯ 保持低电平,并且将 OE♯ 拉高来写入命令地址。编程操作时,BYTE♯ 引脚决定了设备所接收数据的长度。

AM29LV160D 的读操作由 CE♯ 和 OE♯,读数据的时候,它们必须被拉低,因为只有当两者都是低电平时系统才能从器件的输出引脚获得数据。WE♯ 应该维持在高电平,在设备复位后即可进行读操作。在标准微处理器的读周期,将合法地址输入到设备后,将会读取数据,直到设备的状态被改变,如图 14-6 所示。

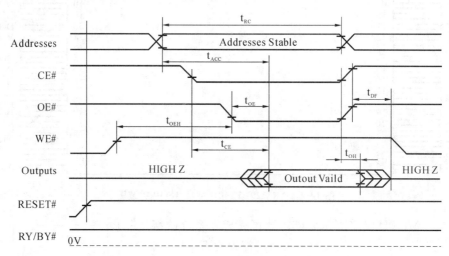

图 14-6　AM29LV160D 读时序

14.4.2　AM29LV160D 字编程操作

AM29LV160D 以字形式进行编程,编程前包含字的扇区必须完全擦除。编程操作分为 3 步。第一步,执行 3 字节装载时序,用于解除软件数据保护。第二步,装载字地址和字数据。在字编程操作中,地址在 CE♯ 或 WE♯ 的下升沿(后产生下降沿的那个)锁存,数据在 CE♯ 或 WE♯ 的上升沿(先产生上升沿的那个)锁存。第三步,执行内部编程操作该操作。在第 4 个 WE♯ 或 CE♯ 的上升沿出现(先产生上升沿的那个)之后启动编程操作。一旦启动将在 $20\mu s$ 内完成。4 个总线周期写周期的软件命令时序如表 14-5 所示。

表 14-5　写周期的软件命令时序

命令时序	第 1 个总线写周期		第 2 个总线写周期		第 3 个总线写周期		第 4 个总线写周期	
	地　址	数　据	地　址	数　据	地　址	数　据	地　址	数　据
字编程	5555H	AAH	2AAAH	55H	5555H	A0	WA(编程字地址)	数据

14.4.3　AM29LV160D 的扇区/块擦除操作

扇区操作通过在最新一个总线周期内执行一个 6 字节的命令时序(扇区擦除命令 30H 和扇区地址 SA)来启动。块擦除操作通过在最新一个总线周期内执行一个 6 字节的命令时序(块擦除命令 50H 和块地址 BA)来启动。扇区或块地址在第 6 个 WE♯ 脉冲的下降沿锁存。命令(30H 或 50H)在第 6 个 WE♯ 脉冲的上升沿锁存。内部擦除操作在第 6 个 WE♯

脉冲后开始执行擦除操作,是否结束由数据查询位或触发位决定。数据查询位和触发位的定义如下:

数据查询位(DQ7):当 SST39LF/VF160 正在执行内部编程操作时任何读 DQ7 的动作将得到真实数据的补码。一旦编程操作结束 DQ7 为真实的数据。注意即使在内部写操作结束后紧接着出现在 DQ7 上的数据可能有效,其余的数据输出管脚上的数据也无效只有在 1us 的时间间隔后执行了连续读周期所得的整个数据总线上的数据才有效。在内部擦除操作过程中读出的 DQ7 值为'0',一旦内部擦除操作完成 DQ7 的值为 1。编程操作的第 4 个 WE♯或 CE♯脉冲的上升沿出现后数据查询位有效,对于扇区/块擦除或芯片擦除数据♯查询位在第 6 个 WE♯或 CE♯脉冲的上升沿出现后有效。

触发位(DQ6):在内部编程或擦除操作过程中读取 DQ6 将得到 1 或 0,即所得的 DQ6 在 1 和 0 之间变化。当内部编程或擦除操作结束后 DQ6 位的值不再变化。触发位在编程操作的第 4 个 WE♯或 CE♯脉冲的上升沿后有效。对于扇区/块擦除或芯片擦除触发位在第 6 个 WE♯或 CE♯脉冲的上升沿出现后有效。

14.4.4 AM29LV160D 芯片擦除操作

AM29LV160D 包含芯片擦除功能,允许用户擦除整个存储阵列使其变为 1 状态,这在需要快速擦除整个器件时很有用。

芯片擦除操作通过在最新一个总线周期内执行一个 6 周期的命令序列来实现,擦除命令序列中包括两个解锁命令,一个设备启动命令,一个片擦除命令,最后两个增加的解锁命令,在擦除操作时,需要检查 DQ7-DQ0 来获得状态,以此来判断擦除是否完成。擦除命令时序如图 14-7 所示。

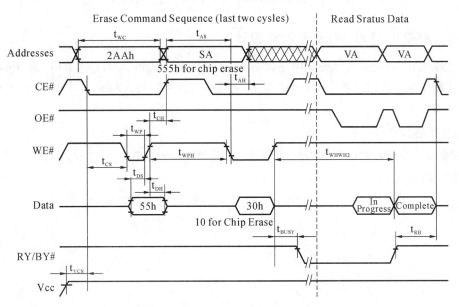

图 14-7 芯片擦除操作时序

14.4.5 AM29LV160D 与 S3C2440 的接口电路

如图 14-8 所示,为 S3C2440A 与 Am29LV160D 的接口电路。Flash 存储器在系统中通常用于存放程序代码,系统上电或复位后从此获取指令并开始执行,因此,应将存有程序代码的 Flash 存储器配置到 Bank0，即将 S3C2440A 的 nGCS0 接至 Am29LV160D 的 CE♯（nCE）端。Am29LV160D 的 OE♯（nOE）端接 S3C2440 的 nOE；WE♯（nXE）端 S3C2440 的 nWE 相连；地址总线 A19～A0 与 S3C2440 的地址总线 ADDR20～ADDR1（A20～A1）相连；16 位数据总线 DQ15～DQ0 与 S3C2440 的低 16 位数据总线 DATA15～DATA0（D15～D0）相连。

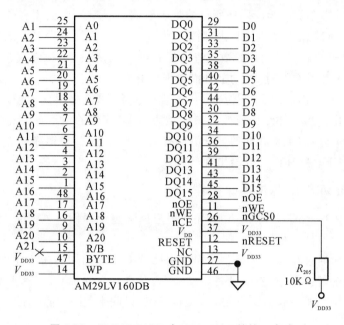

图 14-8　AM29LV160D 与 S3C2440A 的接口电路

14.4.6　AM29LV160D 存储器程序设计

下面的例子实现把内存地址中连续的 16 位的数据写入到 AM29LV160D 的"ProgStar"地址中，程序中用到的主要 Flash 命令包括：字编程、芯片擦除、读操作、写操作、状态位的判断等。

1. 字编程操作

函数利用数据查询位 DQ7 或查询位 DQ6 来判断编程操作是否完成，在实际操作中，选择一种方式即可。

```
void WriteBuffWord(unsigned short addr,unsigned short value)
{
  write_word(0x555,0xaa);
  write_word(0x2aa,0x55);
  write_word(0x555,0xa0);
  write_word(addr,value);

  PollToggleBit(0);
  printf("write done \n");
}
```

2. 芯片擦除操作

以下代码实现 AM29LV160D 的片擦除操作。要对 NOR Flash 进行写操作，就一定要先进行擦除操作。NOR Flash 的擦除都是以块（sector）为单位进行的，但是每一种型号的 Flash 的 sector 的大小不同，即使在同一片的 Flash 内，不同 sector 的大小也是不完全一样的。

```
void ChipErase()
{
  printf("start to erase maybe 1-2 min\n");

//  write_byte(0xaaa,0xaa);

  write_word(0x555,0xaa);
  write_word(0x2aa,0x55);
  write_word(0x555,0x80);
  write_word(0x555,0xaa);
  write_word(0x2aa,0x55);
  write_word(0x555,0x10);

  PollToggleBit(0);
  printf("erase work has done\n");
}
```

3. 读操作

FlashRead 函数实现了从"ReadStart"位置读取"Size"字节的数据到"DataPtr"中

```
void FlashRead(unsigned int ReadStart,unsigned short * DataPtr,unsigned int Size)
{
  int i;
  ReadStart + = ROM_BASE;
  for(i= 0;i< Size/2;i+ + )
  * (DataPtr+ i)= * ( (unsigned short * ) ReadStart+ i);
}
```

4. 状态位判断算法

```
void PollToggleBit(unsigned long ulAddr)
{
  int  ErrorCode = 1;
  unsigned short usVal1;
  unsigned short usVal2;

  usVal1 = read_word(ulAddr);

  while( ErrorCode = = 1)
  {
  usVal1 = read_word( ulAddr);
  usVal2 = read_word( ulAddr );
  usVal1 ^= usVal2;
  if( ! (usVal1 & 0x40) )
  break;
```

```
if( ! (usVal2 & 0x20) )
continue;
else
{
usVal1 =  read_word( ulAddr );
usVal2 =  read_word( ulAddr );

usVal1 ^=  usVal2;
if( ! (usVal1 & 0x40) )
break;
else
{
ErrorCode =  2;
reset();
}
}
}

}
```

5. 主程序

```
int main()
{
  uart0_init();
  printf("start from:\n");
unsigned short test =  read_word(0x150); //从 0x150 地址读出一个 word(16bit)数据
printf("before write % x \n",test);
printf("write the data 0x1234 \n");
  WriteBuffWord(0x150,0x1234);      //在 0x150 地址写入一个 word 数据 0x1234
  test =  read_word(0x150);           // 从 0x150 地址读出一个 word 数据
  printf("after write ,the value is % x\n",test);
    ChipErase();                     //擦除芯片
  test =  read_word(0x150);           //再次读出数据
  printf("after erase,the value is % x\n",test);
  while(1);
    return 0;
}
```

14.5 NAND Flash 操作

14.5.1 NAND Flash 芯片结构分析

NAND Flash 没有地址或数据总线,如果是 8 位 NAND Flash,那么它只有 8 个 IO 口, 这 8 个 IO 口用于传输命令、地址和数据。NAND Flash 主要以 page(页)为单位进行读写, 以 block(块)为单位进行擦除。每一页中又分为 main 区和 spare 区,main 区用于正常数据 的存储,spare 区用于存储一些附加信息,如块好坏的标记、块的逻辑地址、页内数据的 ECC

校验和等。

S3C2440A 处理器集成了 8 位 NandFlash 控制器。目前市场上常见的 8 位 NandFlash 有三星公司的 k9f1208、k9f1g08、k9f2g08 等。k9f1208、k9f1g08、k9f2g08 的数据页大小分别为 512Byte、2kByte、2kByte。它们在寻址方式上有一定差异，所以程序代码并不通用。我们以 S3C2440A 处理器和 k9f1208 系统为例，讲述 NandFlash 的读写方法。

NandFlash 的数据是以 bit 的方式保存在 memory cell 里的，一般来说，一个 cell 中只能存储一个 bit，这些 cell 以 8 个或者 16 个为单位，连成 bit line，形成所谓的 byte(x8)/word(x16)，这就是 NAND Device 的位宽。这些 Line 组成 Page，page 再组织形成一个 Block。k9f1208 的相关数据如下：

$$1block=32page；1page=528byte=512byte(Main\ Area)+16byte(Spare\ Area)$$
$$总容量为 =4096(block\ 数量)\times 32(page/block)\times 512(byte/page)=64Mbyte$$

NandFlash 以页为单位读写数据，而以块为单位擦除数据。按照 k9f1208 的组织方式可以分四类地址：Column Address、halfpage pointer、Page Address、Block Address。A[0:25]表示数据在 64M 空间中的地址。

Column Address 表示数据在半页中的地址，大小范围 0～255，用 A[0:7]表示；

halfpage pointer 表示半页在整页中的位置，即在 0～255 空间还是在 256～511 空间，用 A[8]表示；

Page Address 表示页在块中的地址，大小范围 0～31，用 A[13:9]表示；

Block Address 表示块在 flash 中的位置，大小范围 0～4095，A[25:14]表示；

14.5.2　读操作过程

K9f1208 的寻址分为 4 个 cycle。分别是：A[0:7]、A[9:16]、A[17:24]、A[25]。

读操作的过程为：① 发送读取指令；② 发送第 1 个 cycle 地址；③ 发送第 2 个 cycle 地址；④ 发送第 3 个 cycle 地址；⑤ 发送第 4 个 cycle 地址；⑥ 读取数据至页末。

K9f1208 提供了两个读指令："0x00"、"0x01"。这两个指令区别在于"0x00"可以将 A[8]置为 0，选中上半页；而"0x01"可以将 A[8]置为 1，选中下半页。

虽然读写过程可以不从页边界开始，但在正式场合下还是建议从页边界开始读写至页结束。下面通过分析读取页的代码，阐述读过程。

```
static void ReadPage(U32 addr, U8 * buf) //addr 表示 flash 中的第几页，即'flash 地址
> > 9'
{
U16 i;
NFChipEn(); //使能 NandFlash
WrNFCmd(READCMD0); //发送读指令"0x00"，由于是整页读取，所以选用指令"0x00"
WrNFAddr(0); //写地址的第 1 个 cycle，即 Column Address，由于是整页读取所以取 0
WrNFAddr(addr); //写地址的第 2 个 cycle，即 A[9:16]
WrNFAddr(addr> > 8); //写地址的第 3 个 cycle，即 A[17:24]
WrNFAddr(addr> > 16); //写地址的第 4 个 cycle，即 A[25]。
WaitNFBusy(); //等待系统不忙
for(i= 0; i< 512; i+ + )
buf[i] = RdNFDat(); //循环读出 1 页数据
NFChipDs(); //释放 NandFlash
}
```

14.5.3 写操作过程

写操作的过程为：① 发送写开始指令；② 发送第 1 个 cycle 地址；③ 发送第 2 个 cycle 地址；④ 发送第 3 个 cycle 地址；⑤ 发送第 4 个 cycle 地址；⑥ 写入数据至页末；⑦ 发送写结束指令，下面通过分析写入页的代码，阐述写过程。

```
static void WritePage(U32 addr, U8 * buf) //addr 表示 flash 中的第几页，即'flash 地址 > > 9'
{
U32 i;
NFChipEn(); //使能 NandFlash
WrNFCmd(PROGCMD0); //发送写开始指令"0x80"
WrNFAddr(0); //写地址的第 1 个 cycle
WrNFAddr(addr); //写地址的第 2 个 cycle
WrNFAddr(addr> > 8); //写地址的第 3 个 cycle
WrNFAddr(addr> > 16); //写地址的第 4 个 cycle
WaitNFBusy(); //等待系统不忙
for(i= 0; i< 512; i+ + )
WrNFDat(buf[i]); //循环写入 1 页数据
WrNFCmd(PROGCMD1); //发送写结束指令'0x10'
NFChipDs(); //释放 NandFlash
}
```

14.5.4 S3C2440A 中 NAND Flash 控制器的操作

目前的 NOR Flash 存储器价格较高，相对而言 SDRAM 和 NAND Flash 存储器更经济，这样促使了一些用户在 NAND Flash 中执行引导代码，在 SDRAM 中执行主代码。

S3C2440A 引导代码可以在外部 NAND Flash 存储器上执行。为了支持 NAND Flash 的 BootLoader，S3C2440A 配备了一个内置的 SRAM 缓冲器，叫作"Steppingstone"。引导启动时，NAND Flash 存储器的开始 4K 字节将被加载到 Steppingstone 中并且执行加载到 Steppingstone 的引导代码。

通常引导代码会复制 NAND Flash 的内容到 SDRAM 中。通过使用硬件 ECC，有效地检查 NAND Flash 数据。在复制完成的基础上，将在 SDRAM 中执行主程序。NAND Flash 的控制器方框图如图 14-9 所示：

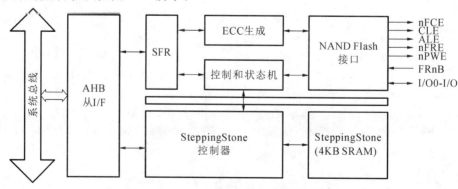

图 14-9   NAND Flash 控制器方框示意图

下面介绍 S3C2440A NAND Flash 主要的控制寄存器。

1. NAND Flash 配置寄存器（NFCONF）

可读/写，地址为 0x4E000000，复位值是 0x0000100X，其各位功能描述如表 14-6 所示。

表 14-6 NAND Flash 配置寄存器（NFCONF）位功能描述

NFCONF	位	描　述	初 始 状 态
保留	[16：14]	保留	—
TACLS	[13：12]	CLE 和 ALE 持续值设置（0 至 3）Duration = HCLK ×TACLS	01
保留	[11]	保留	0
TWRPH0	[10：8]	TWRPH0 持续值设置（0 ～ 7）Duration = HCLK ×（TWRPH0+1）	000
保留	[7]	保留	0
TWRPH1	[6：4]	TWRPH1 持续值设置（0 ～ 7）Duration = HCLK ×（TWRPH0+1）	000
AdvFlash（只读）	[3]	自动引导启用用的先进 NAND Flash 存储器 0：支持 256 字或 512 字节/页的 NAND Flash 存储器 1：支持 1K 字或 2K 字节/页的 NAND Flash 存储器 此位由在复位和从睡眠模式中唤醒时的 NCON0 引脚状态所决定	硬件设置（NCON0）
PageSize（只读）	[2]	自动引导启用用的 NAND Flash 存储器的页面大小 先进闪存页面大小 当 AdvFlash 为 0 时 0＝256 字/页；1＝512 字节/页 当 AdvFlash 为 1 时 0＝1024 字/页；1＝2048 字节/页 此位由在复位和从睡眠模式中唤醒时的 GPG13 引脚状态所决定 复位后，GPG13 可以用于通用 I/O 口或外部中断	硬件设置（GPG13）
AddrCycle（只读）	[1]	自动引导启用用的 NAND Flash 存储器的地址周期 先进闪存地址周期 当 AdvFlash 为 0 时 0＝3 个地址周期；1＝4 个地址周期 当 AdvFlash 为 1 时 0＝4 个地址周期；1＝5 个地址周期 此位由在复位和从睡眠模式中唤醒时的 GPG14 引脚状态所决定 复位后，GPG14 可以用于通用 I/O 口或外部中断	硬件设置（GPG14）
BusWidth（R/W）	[0]	自动引导启用和普通访问用的 NAND Flash 存储的输入输出总线宽度 0＝8 位总线；1＝16 位总线 此位由在复位和从睡眠模式中唤醒时的 GPG15 引脚状态所决定 复位后，GPG15 可以用于通用 I/O 口或外部中断 此位可以被软件改变	硬件设置（GPG15）

2. NAND Flash 控制寄存器(NFCONT)

可读/写,地址为 0x4E000004,复位值是 0x0384,其各位功能描述如表 14-7 所示。

表 14-7　NAND Flash 控制寄存器(NFCONT)位功能描述

NFCONT	位	描 述	初 始 状 态
保留	[15∶14]	保留	0
Look-tight	[13]	紧锁配置(Look-tight) 0:禁止紧锁　　　　　　1:使能紧锁 只要此位被设置为 1 一次,你就不能解除了。只有复位从睡眠模式中被唤醒才能使此位为禁止(即不能由软件清零)。当此位被设置为 1 的情况下,在 NFSBLK(0x4E000038)到 NFEBLK(0x4E00003C)－1 的区域设置未被上锁,除了这些区域以外的区域,写入或擦除命令将会无效,只有只读命令有效	0
Soft Look	[12]	软件上锁设置 0:禁止上锁　　　　　　1:使能上锁 软件锁定区域可以随时用软件修改。当此位被设置为 1 的情况下,在 NFSBLK(0x4E000038)到 NFEBLK(0xE00003C)-1 的区域设置未被上锁,除了这些区域以外的区域,写入或擦除命令将会无效,只有只读命令有效。当你试图写入或擦除这些锁定区域时,将发生非法访问(NFSTAT[3]位将会置位)。如果 NFSBLK 和 NFEBLK 相同时,整个区域都被锁定	1
保留	[11]	保留	0
Enbllegal ACCINT	[10]	非法访问中断控制 0:禁止中断　　　　　　1:使能中断 当 CPU 试图编程或擦除锁定区域(由 NFSBLK(0x4E000038)到 NFEBLK(0x4E00003C)－1 的区域设置)而产生非法访问中断	0
EnbRnBINT	[9]	Rn8 状态输入信号传输中断控制 0:禁止 Rn8 中断　　　　1:使能 Rn8 中断	0
Rn8_Trans Mode	[8]	Rn8 传输检测配置 0:检测上升沿　　　　　1:检测 Rn8 中断	0
保留	[7]	保留	0
SpareE CCLook	[6]	锁定备份区域 ECC 产生 0:开锁备份 ECC　　　　1:锁定备份 ECC 备份区域 ECC 寄存器为 NFSECC(0x4E000034)	1
MainECCLook	[5]	锁定主数据区域 ECC 生成 0:开锁主数据区域 ECC 生成 1:锁定主数据区域 ECC 生成 主数据区域 ECC 状态寄存器为 NFMECC0/1(0x4E00002c/30)	1
lnitECC	[4]	初始化 ECC 编码器/译码器(只写) 1:初始化 ECC 编码器/译码器	0

NFCONT	位	描　述	初 始 状 态
保留	[3:2]	保留	00
Reg_nCE	[1]	NAND Flash 存储器 nFCE 信写控制 0:强制 nFCE 为低(使能片选) 1:强制 nFCE 为离(禁止片选) 注意:在引导启动期间其自动被控制。只有 MODE 位为 1 该值才有效	1
MODE	[0]	NAND Flash 控制器运行模式 0:NAND Flash 控制器禁止(不工作) 1:NAND Flash 控制器使能	0

3. NAND Flash 命令寄存器(NFCMMD)

可读/写,地址为 0x4E000008,复位值是 0x00,其各位功能描述如表 14-8 所示。

表 14-8　NAND Flash 命令寄存器(NFCMMD)位功能描述

NFCMMD	位	描　述	初 始 状 态
保留	[15:8]	保留	0x00
NFCMMD	[7:0]	NAND Flash 存储器命令值	0x00

4. NAND Flash 地址寄存器(NFADDR)

可读/写,地址为 0x4E00000C,复位值是 0x0000XX00,其各位功能描述如表 14-9 所示。

表 14-9　NAND Flash 地址寄存器(NFADDR)位功能描述

REG_ADDR	位	描　述	初 始 状 态
保留	[15:8]	保留	0x00
NFADDR	[7:0]	NAND Flash 存储器命令值	0x00

5. NAND Flash 数据寄存器(NFDATA)

可读/写,地址为 0x4E000010,复位值是 0xXXXX,其各位功能描述如表 14-10 所示。

表 14-10　NAND Flash 数据寄存器(NFDATA)位功能描述

NFDATA	位	描　述	初 始 状 态
NFDATA	[31:0]	NAND Flash 读取/编程数据给 I/O 注释:请参考第 6-5 页的数据寄存器配置	0xXXXX

6. NAND Flash 状态寄存器(NFSTAT)

可读/写,地址为 0x4E000020,复位值是 0xXX00,其各位功能描述如表 14-11 所示。

表 14-11　NAND Flash 状态寄存器(NFSTAT)位功能描述

NFSTAT	位	描　　述	初 始 状 态
保留	[7]	保留	X
保留	[6:4]	保留	0
IllegalAccess	[3]	软件锁定或紧锁一次使能。非法访问(编程,擦除)存储器屏蔽此位设置 0:不检测非法访问　　　　　1:检测非法访问	0
Rng_Trans Detect	[2]	当 Rn8 由低变高时发生传输,如果使能了此位则设置和发出中断。要清除此位时对其写入"1" 0:不检测 Rn8 传输　　　　1:检测 Rn8 传输 传输配置设置在 Rn8_TransMode(NFCONT[8])中	0
nCE(只读)	[1]	nCE 输出引脚的状态	1
RnB(只读)	[0]	RnB 输入引脚状态 0:NAND Flash 存储器忙 1.:NAND Flash 存储器运行就绪	1

14.5.5　S3C2440A NAND Flash 接口电路与程序设计

如图 14-10 所示为 S3C2440A 与 NAND Flash 接口的电路示意图。

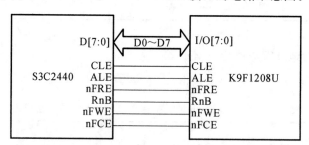

图 14-10　S3C2440A 与 NAND Flash 接口的电路示意图

下面是 S3C2440A 控制 K9F1208U 的程序设计,其核心的操作函数如下。

1. 关键宏定义

```
/* 寄存器地址* /
# define  rNFCONF  (* (volatile unsigned * )0x4e000000)
# define  rNFCONT  (* (volatile unsigned * )0xe7200004)
# define  rNFCMD   (* (volatile unsigned * )0xe7200008)
# define  rNFADDR  (* (volatile unsigned * )0xe720000C)
# define rNFDATA8 (* (volatile unsigned char* )0xe7200010)
# define  rNFSTAT  (* (volatile unsigned * )0xe7200028)
/* 页读写命令周期* /
# define CMD_READ1  0x00
# define CMD_READ2  0x30
# define CMD_RESET  0xFF
# define CMD_ERA1          0x60
# define CMD_ERA2  0xd0
```

```
# define CMD_WR1              0x80
# define CMD_WR2              0x10
/* 寄存器功能定义 */
# define NF_CMD(cmd)     {rNFCMD= (cmd);}
# define NF_ADDR(addr)   {rNFADDR= (addr);}
# define NF_RDDATA8()    (rNFDATA8)
# define NF_nFCE_L()     {rNFCONT&= ~ (1< < 1);}
# define NF_nFCE_H()     {rNFCONT|= (1< < 1);}
# define NF_WAITRB()     {while(! (rNFSTAT&(1< < 28)));}
# define NF_CLEAR_RB()   {rNFSTAT |= (1< < 4);}
# define NF_DETECT_RB()    {while(! (rNFSTAT&(1< < 4)));}
# define NF_WAITIO0()      {while(rNFDATA8&(1));}
```

2. 初始化函数

```
void Nand_Init(void)
{
  rNFCONF =  0x7771;  //配置芯片引脚
  rNFCONT =  0x03 ;   //使能 NandFlash 片选及控制器
}


static void Nand_Reset(void)
{
  NF_nFCE_L();        /* 片选 */
  NF_CLEAR_RB();      /* 清除 r/b 位 */
  NF_CMD(CMD_RESET);  /* 发送复位命令 */
  NF_DETECT_RB();     /* 探测 r/b 位状态 */
  NF_nFCE_H();        /* 取消片选 */
}
```

3. 写页面函数

```
static int nand_write_page(unsigned char * buf, unsigned long addr)
{
  unsigned char * ptr =  (unsigned char * )buf;
  unsigned int i;
  NF_nFCE_L();                    /* 打开 NandFlash 片选 */
  NF_CLEAR_RB();                  /* 清除 RnB 信号 */
  NF_CMD(0x80);                   /* 页写命令周期 1 */
  addr =  addr > > 11;            /* 地址值除以 2048 */

/* 写 5 个地址周期 */
  NF_ADDR(0);                     /* 列地址 A0~ A7 */
  NF_ADDR(0);                     /* 列地址 A8~ A11 */
  NF_ADDR(addr& 0xff);            /* 行地址 A12~ A19 */
  NF_ADDR((addr> > 8) & 0xff);    /* 行地址 A20~ A17 */
  NF_ADDR((addr> > 16) & 0xff);   /* 行地址 A28 */
```

```
/* 写入一页数据*/
for (i = 0; i < (2048); i++)
{
rNFDATA8 = *ptr;
ptr++;

}
NF_CMD(0x10);              /* 页写命令周期 2*/
NF_DETECT_RB()            /* 清除 r/b 位*/
NF_CMD(0x70);              /* 发送写结束命令*/
NF_WAITIOO();             /* 等待 IOO*/

NF_nFCE_H();     /* 关闭 NandFlash 片选 */

return 2048;
}
```

4. 读页面函数

```
static int nand_read_page(unsigned long addr, unsigned char * const buffer)
{
int i;
addr = addr>>11;

//Nand_Reset();

NF_nFCE_L();     /* 打开 NandFlash 片选*/
NF_CLEAR_RB();   /* 清除 RnB 信号*/
NF_CMD(CMD_READ1);   /* 页读命令周期 1*/
NF_ADDR(0x0);
NF_ADDR(0x0);
NF_ADDR(addr&0xff);
NF_ADDR((addr>>8)&0xff);
NF_ADDR((addr>>16)&0xff);
NF_CMD(CMD_READ2);   /* 页读命令周期 2*/
//delay(500);
NF_DETECT_RB();          /* 等待 RnB 信号变高,即不忙*/
  /* 读取一页数据内容*/
for (i = 0; i < 2048; i++)
{
buffer[i] = NF_RDDATA8();
}

NF_nFCE_H();              /* 关闭 NandFlash 片选*/
return 0;

}
```

194

5. 擦除块操作函数

```
static int nand_erase_block(unsigned long addr)
{
  NF_nFCE_L();
  NF_CLEAR_RB();
  NF_CMD(CMD_ERA1);      /* 擦除命令周期 1* /
  addr= addr> > 11;
  NF_ADDR(addr & 0xff);
  NF_ADDR((addr> > 8) & 0xff);
  NF_ADDR((addr> > 16) & 0xff);
  NF_CMD(CMD_ERA2);   /* 擦除命令周期 2* /
  NF_DETECT_RB()
  NF_CMD(0x70);
  NF_WAITIO0();
  NF_nFCE_H();
  return 0;
}
```

6. 主程序

```
int main()
{

    unsigned long NANDADDR = 0x200000;
    unsigned char* p = (unsigned char* )RAM_BUF;
  int i;
  char * string = "hello world";
  uart0_init();
  Nand_Init();           /* 初始化 NandFlash* /
  Nand_Reset();          /* 复位 NandFlash* /
  printf("\nbefore the first write\n");
  nand_erase_block(NANDADDR); /* 擦除 NandFlash 中 NANDADDR 开始的一个 block* /
  nand_read_page(NANDADDR,p); /* 读出 NANDADDR 的一个页面数据* /
  for(i= 0;i< 12;i+ + )
  {
  printf(" % d",p[i]);           /* 打印出前 12 个数据* /
  }
  printf("\nwrite the 'hello world'\n");
  nand_write_page(string,NANDADDR);  /* NANDADDR 地址处写入'hello world'数据* /
  nand_read_page(NANDADDR,p); /* 再次从 NANDADDR 读出一个页面数据* /
  printf ("\nread from nand : \n");
  for(i= 0;i< 12;i+ + )
  {
  printf("% c",p[i]);            /* 打印读出的数据验证和写入的数据是否一致* /
  }
  nand_erase_block(NANDADDR);   /* 再次擦除* /
```

```
    nand_read_page(NANDADDR,p);    /* 再次读出擦除后的数据 * /
    printf("\nafter the erase\n");
    for(i= 0;i< 12;i+ + )
    {
    printf(" % d",p[i]);                /* 打印读出的数据 * /
    }
    while (1);
    return 0;
}
```

思考与练习

1. 嵌入式存储设备有哪些？ NorFlash 和 NandFlash 有何区别？

2. 以 S3C2440A 控制 AM29LV160D 为例，说明 NorFlash 的主要操作有哪些，如何实现？

3. S3C2440A 中 NAND Flash 控制器有哪些主要寄存器？通过编程实例说明其主要操作如何完成。

第15章　SPI 总线

SPI 是串行外设的接口,嵌入式系统已成为当前最为热门的领域之一,受到了全世界各个方面的广泛关注,越来越多的人开始学习嵌入式系统技术及相应的开发技术。本章将向读者介绍嵌入式系统的基本知识。

本章的主要内容:

- SPI 接口协议。
- SPI 接口控制器。
- SPI 接口编程。

 15.1　SPI 接口协议理论

15.1.1　SPI 接口协议简介

SPI 是英语 serial peripheral interface 的缩写,也就是串行外围设备接口。是 Motorola 公司首先在其 MC68HCXX 系列处理器上定义的。SPI 接口主要应用在 EEPROM,FLASH,实时时钟,AD 转换器,传感器,音频芯片,还有数字信号处理器和数字信号解码器之间等。

SPI 接口是在 CPU 和外围低速器件之间进行同步串行数据传输,一般由一个主设备和一个或多个从设备组成,主设备启动一个与从设备的同步通信,从而完成数据的交换。在主设备器件的移位脉冲下,数据按位传输,高位在前,低位在后,数据传输速度总体来说比 I²C 总线要快,速度可达到几 MbpsSPI。总的来说,它是一种高速的,全双工,同步的通信总线,并且在芯片的管脚上只占用四根线,节约了芯片的管脚,同时为 PCB 的布局上节省空间,提供方便,正是出于这种简单易用的特性,现在越来越多的芯片集成了这种通信协议,比如 AT91RM9200 等等。

SPI 接口协议主要特点有:可以同时发出和接收串行数据;可以当作主机或从机工作;提供频率可编程时钟;发送结束中断标志;写冲突保护,总线竞争保护等。SPI 总线工作有四种方式:SPI0、SPI1、SPI2、SPI3,其中使用的最为广泛的是 SPI0 和 SPI3 方式。

15.1.2　SPI 接口协议通信原理

SPI 的通信原理很简单,它以主从方式工作,这种模式通常有一个主设备和一个或多个从设备,需要至少 4 根线,事实上 3 根也可以(单向传输时)。也是所有基于 SPI 的设备共有的,它们是 SDI(数据输入)、SDO(数据输出)、SCK(时钟)、CS(片选),构成了环形总线结构。其时序主要是在 SCK 的控制下,两个双向移位寄存器进行数据交换。

上升沿发送、下降沿接收、高位先发送。上升沿到来的时候,SDO 上的电平将被发送到从设备的寄存器中。下降沿到来的候,SDI 上的电平将被接收到主设备的寄存器中。CS 决定了唯一的与主设备通信的从设备,也就是说只有片选信号为预先规定的使能信号时(高电位或低电位),对此芯片的操作才有效。如没有 CS 信号,则只能存在一个从设备,主设备通过产生移位时钟来发起通讯。通讯时,数据由 SDO 输出,SDI 输入,数据在时钟的上升或下降沿由 SDO 输出,在紧接着的下降或上升沿由 SDI 读入,这样经过 8/16 次时钟的改变,完成 8/16 位数据的传输。总线协议的时序如图 15-1 所示。

通信是通过数据交换完成的,这里先要知道 SPI 是串行通信协议,也就是说数据是一位一位地传输的。这就是 SPICLK 时钟线存在的原因,由 SPICLK 提供时钟脉冲,SDO、SDI 则基于此脉冲完成数据传输。另外要注意的是,SPICLK 信号线只由主设备控制,从设备不能控制信号线。同样在一个基于 SPI 的设备中,至少有一个主控设备。这样的传输方式有一个优点,即其与普通的串行通信不同,普通的串行通信一次连续传送至少 8 位数据,而 SPI 允许数据一位一位地传送,甚至允许暂停,因为 SPICLK 时钟线由主控设备控制,当没有时钟跳变时,从设备不采集或传送数据。

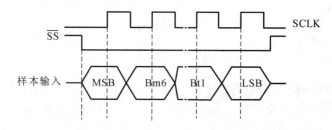

图 15-1　SPI 总线协议时序

下面再通过一个例子介绍下 SPI 的 8 个时钟周期的数据情况,假设 8 位寄存器装的是待发送的数据 10101010,上升沿发送、下降沿接收、高位先发送。那么第一个上升沿来的时候数据将会是 SDO=1;寄存器=0101010x。下降沿到来的时候,SDI 上的电平将所存到寄存器中去,那么这时寄存器=0101010,这样在 8 个时钟脉冲以后,两个寄存器的内容互相交换一次,这样就完成里一个 spi 时序。假设主机和从机初始化已就绪,并且主机的 sbuff=0xaa(10101010),从机的 sbuff=0x55(01010101),并且上升沿发送数据,表 15-1 将分步对 spi 的 8 个时钟周期的数据情况进行描述,其中上表示上升沿、下表示下降沿。

表 15-1　SPI 时钟周期数据变化情况

脉冲(SCLK)	主机 sbuff(主端发送)	从机 sbuff(主端接受)	sdi 串行输入到主端	sdo 串行输出从主端
0	10101010	01010101	0	0
1 上	0101010x	1010101x	0	1
1 下	01010100	10101011	0	1
2 上	1010100x	0101011x	1	0
2 下	10101001	01010110	1	0
3 上	0101001x	1010110x	0	1
3 下	01010010	10101101	0	1
4 上	1010010x	0101101x	1	0
4 下	10100101	01011010	1	0
5 上	0100101x	1011010x	0	1
5 下	01001010	10110101	0	1
6 上	1001010x	0110101x	1	0
6 下	10010101	01101010	1	0

脉冲(SCLK)	主机 sbuff(主端发送)	从机 sbuff(主端接受)	sdi 串行输入到主端	sdo 串行输出从主端
7 上	0010101x	1101010x	0	1
7 下	00101010	11010101	0	1
8 上	0101010x	1010101x	1	0
8 下	01010101	10101010	1	0

这样就完成了两个寄存器8位的交换,SDI、SDO是相对于主机而言的,其中ss引脚作为主机的时候,从机可以把它拉低被动选为从机,作为从机的时候,可以作为片选脚。根据以上分析,一个完整的传送周期是16位,即两个字节,因为,首先主机要发送命令过去,然后从机根据主机的命令准备数据,主机在下一个8位时钟周期才把数据读回来,主机产生时钟SCLK,而数据又必须依靠边沿启动才能传送。

15.1.3 SPI接口与外设的连接

SPI总线接口主要使用有以下四个信号:主机输出/从机输入(MOSI)、主机输入/从机输出(MISO)、串行时钟SCLK或SCK、外设芯片SS。有些处理器有SPI接口专用的芯片选择,称为从机选择或从器件选择SS。

MOSI信号由主机产生,从机接收。在有些芯片上,MOSI只被简单的标为串行输入(SI),或者串行数据输入(SDI)。MISO信号由从机产生,不过还是在主机的控制下产生的。在一些芯片上,MISO有时被称为串行输出(SO)或串行数据输出(SDO)。外设片选信号通常只是由主机的备用I/O引脚产生的。与标准的串行接口不同,SPI是一个同步协议接口,所有的传输都参照一个共同的时钟SCK,这个同步时钟信号由主机(处理器)产生,接收数据的外设(从设备)使用时钟来对串行比特流的接收进行同步化。可以将多个具有SPI接口的芯片连到主机的同一个SPI接口上,主机通过控制从设备的片选输入引脚来选择接收数据的从设备。

如图15-2(a)、(b)所示,微处理器通过SPI接口与外设进行连接,主机和外设都包含一个串行移位寄存器,主机写入一个字节到它的SPI串行寄存器,SPI寄存器是通过MOSI信号线将字节传送给外设。外设也可以将自己移位寄存器中的内容通过MISO信号线传送给主机。外设的写操作和读操作是同步完成的,主机和外设的两个移位寄存器中的内容被互相交换。

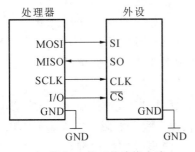

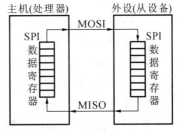

(a)基本SPI接口的连接电路　　　　(b)基本SPI接口的数据传输

图 15-2　基本 SPI 接口的连接电路和数据传输

当主机发送一个连续的数据流时,有些外设能够进行多字节传输。例如多数具有 SPI 接口的存储器芯片都以这种方式工作。在这种传输方式下,SPI 外设的芯片选择端必须在整个传输过程中保持低电平。比如,存储器芯片会希望在一个"写"命令之后紧接着收到的是 4 个地址字节(起始地址),这样后面接收到的数据就可以存储到该地址。一次传输可能会涉及千字节的移位或更多的信息。其他外设只需要一个单字节(比如一个发给 A/D 转换器的命令),有些甚至还支持菊花链连接,如图 15-2 所示。菊花链模式是简化的级联模式,主要的优点是提供集中管理的扩展端口,对于多交换机之间的转发效率并没有提升,主要是因为菊花链模式是采用高速端口和软件来实现的。

在图 15-3 这个例子中,主机处理器从其 SPI 接口发送 3 个字节的数据。第 1 个字节发送给外设 A,当第 2 个字节发送给外设 A 的时候,第 1 个字节已移出了 A,而传送给了 B。同样,主机想要从外设 A 读取一个结果,它必须再发送一个 3 字节(空字节)的序列,这样就可以把 A 中的数据移到 B 中,然后再移到 C 中,最后送回到主机。在这个过程中,主机还依次从 B 和 C 接收到字节。

注意,菊花链连接不一定适用于所有的 SPI 设备,特别是要求多字节传输的(比如存储器芯片)设备。另外,要对外设芯片的数据表进行仔细分析,确定能对它做什么而不能做什么。如果芯片的数据表中没有明确提到菊花链连接,那么该芯片不支持这种连接的概率为 50%。

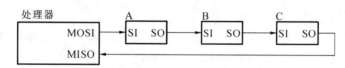

图 15-3　菊花链方式连接 3 台 SPI 设备

根据时钟极性和时钟相位的不同,SPI 有 4 个工作模式。时钟极性有高电平、低电平两种。时钟极性为低电平时,空闲时时钟(SCK)处于低电平,传输时跳转到高电平;时钟极性为高电平时,空闲时时钟处于高电平,传输时跳转到低电平。时钟相位有两个:时钟相位 0 和时钟相位 1。对于时钟相位 0,如果时钟极性是低电平,MOSI 和 MISO 输出在(SCK)的上升沿有效。如果时钟电平极性为高,对于时钟相位 0,这些输出在 SCK 的下降沿有效。MISO 输出的第 X 位是一个未定义的附加位,是 SPI 接口特有的情况。用户不必担心这个位,因为 SPI 接口将忽略该位。

15.1.4　SPI 接口与外设的数据传输方式

在 SPI 传输中,数据是同步进行发送和接收的。数据传输的时钟基于来自主处理器的时钟脉冲(也可以是 I/O 上的电平的模拟时钟),Motorola 没有定义任何通用 SPI 的时钟规范。然而,最常用的时钟设置基于时钟极性(CPOL)和时钟相位(CPHA)两个参数,CPOL 定义 SPI 串行时钟的活动状态,而 CPHA 定义相对于 SO-数据位的时钟相位。CPOL 和 CPHA 的设置决定了数据取样的时钟沿。

SPI 模块为了和外设进行数据交换,根据外设工作要求,对其输出串行同步时钟极性和相位可以进行配置,时钟极性(CPOL)对传输协议没有重大的影响。如果 CPOL=0,串行同步时钟的空闲状态为低电平;如果 CPOL=1,串行同步时钟的空闲状态为高电平。时钟相位(CPHA)能够配置用于选择两种不同的传输协议之一进行数据传输。如果 CPHA=0,在串行同步时钟的第一个跳变沿(上升或下降)数据被采样;如果 CPHA=1,在串行同步时钟的第二个跳变沿(上升或下降)数据被采样。SPI 主模块和与之通信的外设时钟相位和极性应该一致。SPI 接口时序如图 15-4、图 15-5 所示。

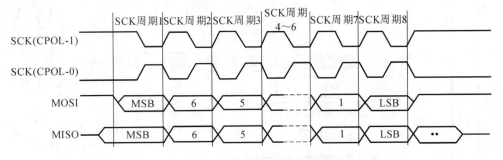

图 15-4　CPHA＝0 时 SPI 总线数据传输时序

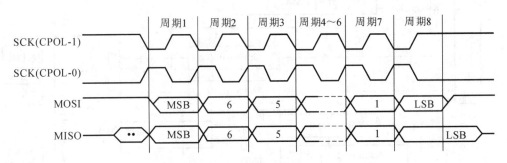

图 15-5　CPHA＝1 时 SPI 总线数据传输时序

15.2　S3C2440A 的 SPI 接口控制器

15.2.1　S3C2440A 的 SPI 接口电路

S3C2440A 的串行外设接口(SPI)可以与串行数据传输连接。S3C2440A 包含了 2 个 SPI,如图 15-6 所示,每个都有 2 个分用于发送和接收的 8 位移位寄存器。一次 SPI 传输通信期间,同时发送(串行移出)和接收(串行移入)数据。由相关的控制寄存器设置指定 8 位串行数据的频率。如果只希望发送,则接收数据可以保持伪位(dummy)。此外如果只希望接收,则需要发送伪位1数据。其特性包括如下几个方面:

(1) 支持 2 个通道 SPI;

(2) 兼容 SPI 协议(2.11 版本);

(3) 8 位发送移位寄存器;

(4) 8 位接收移位寄存器;

(5) 8 位预分频逻辑;

(6) 查询、中断和 DMA 传输模式。

通过 SPI 接口,S3C2410A 可以与外设同时发送/接收 8 位数据。串行时钟线与两条数据线同步,用于移位和数据采样。如果 SPI 是主设备,数据传输速率由 SPPREn 寄存器的相关位控制。可以通过修改频率来调整波特率寄存器的值。如果 SPI 是从设备,由其他的主设备提供时钟,向 SPDATn 寄存器中写入字节数据 SPI 发送/接收操作就同时启动。在某些情况下 nSS 要在向 SPDATn 寄存器中写入字节数据之前激活。

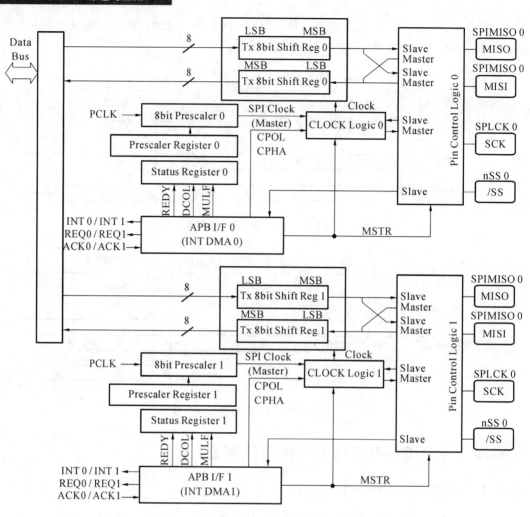

图 15-6   S3C2440A 的 SPI 接口内部结构框图

15.2.2   S3C2440A 的 SPI 口数据传输格式

S3C2410A 支持 4 种不同的数据传输格式,具体的波形图如图 15-7 所示。在第一种数据传输格式中,(即格式 A 的 CPOL＝0,CPHA＝0),高电平有效,上升沿采样,下降沿输出,此时的 MISO 最高有效位* MSB 刚刚收到字符数据,从器件是在 SSEL 信号有效后,立即输出 bit1,尽管此时的 SCK 信号还没有生效。

第二种数据传输格式(即格式 B 的 CPOL＝0,CPHA＝1),高电平有效,上升沿输出,下降沿采样,MIOS 的最低有效位* LSB 实际上还是上一次的最低位,前面的 LSB* 发出字符。

第三种数据传输格式(即格式 A 的 CPOL＝1,CPHA＝0),此时的低电平有效,上升沿输出,下降沿采样,MIOS 的最高有效位前面的* MSB 刚刚收到字符数据。

第四种数据传输格式(即格式 B 的 CPOL＝1,CPHA＝1),此时的低电平有效,上升沿采样,下降沿输出,MIOS 上一次的最低有效位* LSB 发出字符数据。

要注意 SPI 从设备 Format B 接收数据模式,如果 SPI 从设备接收模式被激活,并且 SPI 格式被选为 B,SPI 操作将会失败。DMA 模式该模式不能用于从设备 Format B 形式。查询模式如果接收从设备采用 Format B 形式 DATA_READ 信号应该比 SPICLK 延迟一个相位。中断模式如果接收从设备采用 Format B 形式,DATA_READ 信号应该比 SPICLK 延

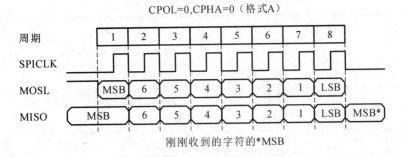

CPOL=0,CPHA=0（格式A）

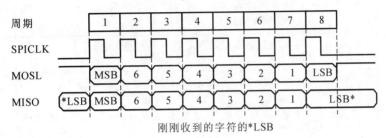

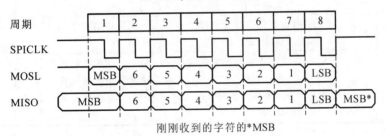

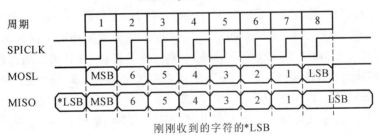

图 15-7　SPI 接口通信波形图

迟一个相位。

15.2.3　SPI 接口特殊寄存器

1. SPI 控制寄存器（SPICONn）

　　SPICONn（SPI 控制寄存器，n ＝ 0 ～ 1）为可读/写寄存器，地址为 0x59000000/0x59000020，复位值为 0x00，该寄存器控制 SPI 的工作模式。SPICONn 的位功能描述和详细说明如表 15-2、表 15-3 所示。

表 15-2   SPICONn 的位功能描述

寄　存　器	地　　址	R/W	描　　述	复　位　值
SPCON0	0x59000000	R/W	SPI 通道 0 控制寄存器	0x00
SPCON1	0x59000020	R/W	SPI 通道 1 控制寄存器	0x00

表 15-3   SPICONn 的详细说明

SPICONn	位	描　　述	初　始　状　态
SMDO	[6：5]	SPI 模式选择。决定如何填/写 SPTDAT 00＝查询模式　　　　　01＝中断模式 10＝DMA 模式　　　　　11＝保留	00
ENSCK	[4]	SCK 使能。决定是否希望 SCK 使能（主机） 0＝禁止　　　　　1＝使能	0
MSTR	[3]	主/从机选择。决定希望的模式（主机或从机） 0＝禁止　　　　　1＝使能 **注意**：从机模式中,这需要主机初始化 Tx/Rx 的建立时间	0
CPOL	[2]	时钟极性选择。决定时钟是高电平有效还是低电平有效 0＝低电平有效　　　　　1＝高电平有效	0
CPHA	[1]	时钟相位选择。选择 2 种基本不同传输格式之一 0＝格式 A　　　　　1＝格式 B	0
TAGD	[0]	自动发送杂数据模式使能。决定是否必须接收数据。 0＝普通模式　　　　　1＝自动发送杂数据模式 **注意**：普通模式中,如果只希望接收数据则应该发送空 0xFF 数据	0

2. SPI 状态寄存器 SPSTAn

为可读/写寄存器,地址为 0x59000004/0x59000024,复位值为 0x01。SPSTAn 的位功能描述和详细说明如表 15-4、表 15-5 所示。其中 DCOL 为数据冲突错误标志位,如果当传输正进行中时写了 SPTDATn 或读 SPRDATn 则此标志置位,并且可以通过读取 SPSTAn 清除。MULF 为多主机错误标志。当 SPI 配制为主机时如果 nSS 信号变为有效低电平并且 SPPINn 的 ENMUL 位为多主机错误检测模式则置位此标志。通过读取 SPSTAn 清除 MULF。REDY 为传输就绪标志。此位指示出 SPTDATn 或 SPRDATn 准备好了放送或接收。通过写数据到 SPTDATn 自动清零此标志。

表 15-4   SPSTAn 的位功能描述

寄　存　器	地　　址	R/W	描　　述	复　位　值
SPSTA0	0x59000004	R	SPI 通道 0 状态寄存器	0x01
SPSTA1	0x59000024	R	SPI 通道 1 状态寄存器	0x01

表 15-5   SPSTAn 的详细说明

SPSTAn	位	描　　述	初　始　状　态
保留	[7：3]	—	—

SPSTAn	位	描　　述	初 始 状 态
DCOL	[2]	数据冲突错误标志 0＝未发现　　　　1＝发现冲突错误	0
MULF	[1]	多主机错误标志 0＝未发现　　　　1＝发现多主机错误	0
REDY	[0]	传输就绪标习 0＝未就绪　　　　1＝数据 TxRx 就绪	1

3. SPI 引脚控制寄存器（SPPINn）

SPPINn 为可读/写存储器，地址为 0x59000008/0x59000028，复位值为 0x02。SPPINn 的位功能描述和详细说明如表 15-6、表 15-7 所示。

表 15-6　SPPINn 的位功能描述

寄 存 器	地　　　址	R/W	描　　述	复 位 值
SPPIN0	0x59000008	R/W	SPI 通道 0 状态寄存器	0x00
SPPIN1	0x59000028	R/W	SPI 通道 1 状态寄存器	0x00

表 15-7　SPPINn 的详细说明

SPPINn	位	描　　述	初 始 状 态
保留	[7：3]	—	—
ENMUL	[2]	多主机错误检测使能。当 SPI 系统为主机时 nSS 引脚用作输入来检测多主机错误。 0＝禁止（通用）　　　　1＝多主机错误检测使能	
保留	[1]	—	
KEEP	[0]	决定当 1 字节发送完成时 MOSI 的驱动或释放（主机）。 0＝释放　　　　1＝驱动为之前电平	

当一个 SPI 系统被允许时，nSS 之外的引脚的数据传输方向都由 SPCONn 的 MSTR 位控制，nSS 引脚总是输入。

当 SPI 是一个主设备时，nSS 引脚用于检测多主设备错误（如果 SPPIN 的 ENMUL 位被使能），另外还需要一个 GPIO 来选择从设备。如果 SPI 被配置为从设备，nSS 引脚用来被选择为从设备。

SPIMIS0 和 SPIMOS1 数据引脚用于发送或者接收串行数据。如果 SPI 口被配置为主设备 SPIMIS0 就是主设备的数据输入线，SPIMOS1 就是主设备的数据输出线，SPICLK 是时钟输出线；如果 SPI 口被配置为从设备，这些引脚的功能就正好相反。在一个多主设备的系统中，SPICLK、SPIMOS1、SPIMIS0 都是一组一组单独配置的。

4. SPI 波特率预分频寄存器（SPPREn）

SPPREn 为可读/写寄存器，地址为 0x5900000C /0x5900002C，复位值为 0x00，SPPREn

[7:0]设置预分频值。可以通过预分频值计算波特率,其公式为:波特率=$(f_{PCLK}/2)/($预分频值+1)。SPIPREn 的位功能描述和详细说明如表 15-8、表 15-9 所示。

表 15-8 SPPREn 的位功能描述

寄 存 器	地　　址	R/W	描　　述	复 位 值
SPPRE0	0x5900000C	R/W	SPI 通道 0 波特率预分频寄存器	0x00
SPPRE1	0x5900002C	R/W	SPI 通道 1 波特率预分频寄存器	0x00

表 15-9 SPPREn 的详细说明

SPPREn	位	描　　述	初 始 状 态
预分频值	[7:0]	决定 SPI 时钟率。 波特率=PCLK/2(预分频值+1)	0x00

5. SPI 发送数据寄存器(SPTDATn)

SPTDATn 为可读/写寄存器,地址为 0x59000010/0x59000030,复位值为 0x00,存放待 SPI 口发送的数据。SPTDATn 的位功能描述和详细说明如表 15-10、表 15-11 所示。

表 15-10 SPTDATn 的位功能描述

寄 存 器	地　　址	R/W	描　　述	复 位 值
SPTDAT0	0x59000010	R/W	SPI 通道 0 Tx 数据寄存器	0x00
SPTDAT1	0x59000030	R/W	SPI 通道 1 Tx 数据寄存器	0x00

表 15-11 SPTDATn 的详细说明

SPTDATn	位	描　　述	初 始 状 态
Tx 数据寄存器	[7:0]	此字段包含通过 SPI 通道要发送的数据	0x00

6. SPI 接收数据寄存器(SPRDATn)

SPRDATn 为只读寄存器,地址为 0x59000014/0x59000034,复位值为 0xFF,存放 SPI 口接收到的数据。SPRDATn 的位功能描述和详细说明如表 15-12、表 15-13 所示。

表 15-12 SPTDATn 的位功能描述

寄 存 器	地　　址	R/W	描　　述	复 位 值
SPRDAT0	0x59000014	R	SPI 通道 0 Rx 数据寄存器	0xFF
SPRDAT1	0x59000034	R	SPI 通道 1 Rx 数据寄存器	0xFF

表 15-13 SPRDATn 的详细说明

SPRDATn	位	描　　述	初 始 状 态
Rx 数据寄存器	[7:0]	此字段包含通过 SPI 通道接收到的数据	0xFF

15.3 S3C2440A 的 SPI 接口编程应用实例

15.3.1 SPI 典型编程模型

当一个字节数据写入到 SPTDATn 寄存器中时,如果置位了 SPCONn 寄存器的 ENSCK 和 MSTR 则 SPI 开始发送。可以使用典型的编程步骤来操作一个 SPI 卡。下面是按照这些基本步骤来编程的 SPI 模型。

(1) 设置波特率预分频寄存器(SPPREn)。

(2) 设置 SPCONn,用来配置 SPI 模块。

(3) 向 SPDATn 中写 10 次 0xFF,用来初始化 MMC 或 SD 卡。

(4) 将一个 GPIO(当作 nSS)清零,用来激活 MMC 或 SD 卡。

(5) 发送数据→核查发送准备好标志(REDY=1),之后写数据到 SPDATn。

(6) 接收数据(1):禁止 SPCONn 的 TAGD 位,正常模式。向 SPDAT 中写 0xFF,确定 REDY 被置位后,从读缓冲区中读出数据。

(7) 接收数据(2):使能 SPCONn 的 TAGD 位,自动发送虚拟数据模式确定 REDY 被置位后,从读缓冲区中读出数据,之后自动开始传输数据。

(8) 置位 GPIO 引脚(作为 nSS 的那个引脚端),停止 MMC 或 SD 卡。

15.3.2 SPI 接口编程实例

在本实例中将使用一种通过 SPI 通信的 Flash,该芯片是 M25PXX,如图 15-8 所示为该芯片的原理图,每根接线的意义已经清楚地标识出来了。这一款芯片内部集成了 12 条指令,包括了通用的读、写、配置等命令,还有一个内置的状态寄存器,可以通过该寄存器获取芯片当前状态。该芯片采用独立的接口与 S3C2440A 相连。

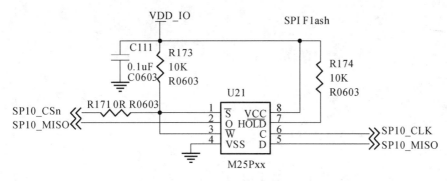

图 15-8 M25PXX 原理图

```
# define OPCODE_WREN 0x06 /* Write enable */
# define OPCODE_WRDA 0x04 /* Write disable */
# define OPCODE_RDSR 0x05 /* Read status register */
# define OPCODE_WRSR 0x01 /* Write status register 1 byte */
# define OPCODE_NORM_READ 0x03 /* Read data bytes (low frequency) */
# define OPCODE_FAST_READ 0x0b /* Read data bytes (high frequency) */
# define OPCODE_PP 0x02 /* Page Program (up to 256 bytes) */
# define OPCODE_BE_4K 0x20 /* Erase 4KiB block */
# define OPCODE_BE_32K 0x52 /* Erase 32KiB block */
```

```c
# define OPCODE_CHIP_ERASE 0xc7 /* Erase whole flash chip * /
# define OPCODE_SE 0xd8 /* Sector erase (usually 64KiB) * /
# define OPCODE_RDID 0x9f /* Read JEDEC ID * /
/* Status Register bits. * /
# define SR_WIP 1 /* Write in progress * /
# define SR_WEL 2 /* Write enable latch * /
extern void printf(const char * fmt, ...);
void cfg_gpio(void)
{
        /* set GPB[0~ 3] to support spi0* /
        GPB.GPBCON = (GPB.GPBCON & 0xffff0000) | 0x2222;
}
void set_clk(void)
{
        /* enable clk_gate, spi_clksel = PCLK; spi_scaler = 0 * /
        CLK_GATE_D1.CLK_GATE_D1_4 |= SPIO_CLK_GATE_ON;
        SPI0.CLKCFG &= 0x0;
}
void delay(int times)
{
        volatile int i,j;
        for (j = 0; j < times; j+ + ){
        for (i = 0; i < 100000; i+ + );
        i = i + 1;}
}
void disable_chip(void)
{
        /* disable chip* /
        SPI0.SLAVESEL |= 0x1;
        delay(1);
}
void enable_chip(void)
{
        /* enable chip* /
        SPI0.SLAVESEL &= ~ 0x1;
        delay(1);
}
void soft_reset(void)
{
        SPI0.CHCFG |= 0x1 < < 5;
        delay(1);
        SPI0.CHCFG &= ~ (0x1 < < 5);
}
void cfg_spi0(void)
{
```

```
            soft_reset();
            SPI0.CHCFG &= ~ ((0x1 < < 4) | (0x1 < < 3) | (0x1 < < 2));
            SPI0.CHCFG &= ~ 0x3;
            SPI0.MODECFG = (SPI0.MODECFG & ~ ((0x3 < < 17) | (0x3 < < 29))) |
(0x0 < < 17) | (0x0 < < 29);
            SPI0.SLAVESEL &= ~ (0x1 < < 1);
            SPI0.CLKCFG |= 1 < < 8;
    }
    void transfer(unsigned char * data, int len)
    {
            int i;
            SPI0.CHCFG &= ~ (0x1 < < 1);
            SPI0.CHCFG = SPI0.CHCFG | 0x1; // enable Tx and disable Rx
            delay(1);
            for (i = 0; i < len; i+ + ){
            SPI0.TXDATA = data[i];
            while( ! (SPI0.STATUS & (0x1 < < 21)) );
            delay(1); }
            SPI0.CHCFG &= ~ 0x1;
    }
    void receive(unsigned char * buf, int len)
    {
            int i;
            SPI0.CHCFG &= ~ 0x1; // disable Tx
            SPI0.CHCFG |= 0x1 < < 1; // enable Rx
            delay(1);
            for (i = 0; i < len; i+ + ){
            buf[i] = SPI0.RXDATA;
            delay(1);   }
            SPI0.CHCFG &= ~ (0x1 < < 1);
    }
    void read_ID(void)
    {
            unsigned char buf[3];
            int i;
            buf[0] = OPCODE_RDID;
            soft_reset();
            enable_chip();
            transfer(buf, 1);
            receive(buf, 3);
            disable_chip();
            printf("MI = % x\tMT = % x\tMC = % x\t\n", buf[0], buf[1], buf
[2]);
    }
    void erase_sector(int addr)
```

```c
{
        unsigned char buf[4];
        buf[0] = OPCODE_SE;
        buf[1] = addr >> 16;
        buf[2] = addr >> 8;
        buf[3] = addr;
        enable_chip();
        transfer(buf, 4);
        disable_chip();
}
void erase_chip()
{
        unsigned char buf[4];
        buf[0] = OPCODE_CHIP_ERASE;
        enable_chip();
        transfer(buf, 1);
        disable_chip();
}
void wait_till_write_finished()
{
        unsigned char buf[1];
        enable_chip();
        buf[0] = OPCODE_RDSR;
        transfer(buf, 1);
        while(1) {
        receive(buf, 1);
        if(buf[0] & SR_WIP) {
        // printf( "Write is still in progress\n" );   }
        else {
        printf( "Write is finished.\n" );
        break;
        }
         }
         disable_chip();
}
void enable_write()
{
        unsigned char buf[1];
        buf[0] = OPCODE_WREN;
        enable_chip();
        transfer(buf, 1);
        disable_chip();
}
void write_spi(unsigned char * data, int len, int addr)
{
```

```
                    unsigned char buf[4];
                    //cfg_spi0();
                    soft_reset();
                    enable_write();
                    /* * /
                    erase_chip();
                    wait_till_write_finished();
                    buf[0] = OPCODE_PP;
                    buf[1] = addr >> 16;
                    buf[2] = addr >> 8;
                    buf[3] = addr;
                    //cfg_spi0();
                    soft_reset();
                    enable_write();
                    enable_chip();
                    transfer(buf, 4);
                    transfer(data, len);
                    disable_chip();
                    wait_till_write_finished();
          }
          void read_spi(unsigned char * data, int len, int addr)
          {
                    unsigned char buf[4];
                    //cfg_spi0();
                    soft_reset();
                    buf[0] = OPCODE_NORM_READ;
                    buf[1] = addr >> 16;
                    buf[2] = addr >> 8;
                    buf[3] = addr;
                    enable_chip();
                    transfer(buf, 4);
                    receive(data, len);
                    disable_chip();
          }
          int main()
          {
                    unsigned char buf[10] = "home\n";
                    unsigned char data[10] = "morning\n";
                    uart0_init();
                    printf("aaaaa \n");
                    /* initialize spi0 * /
                    cfg_gpio();
                    set_clk();
                    cfg_spi0();
                    while(1)
```

```
              {
                    read_ID();
                    write_spi(buf, 4, 0);
                    read_spi(data, 4, 0);
                    printf("read from spi :% s", data);
              }
              return 0;
        }
```

思考与练习

1. 什么是嵌入式系统？列举出几个你身边熟悉的嵌入式系统产品。
2. 嵌入式系统由哪几部分组成？
3. 简述嵌入式系统的特点。